BIM 技术卓越教材
校企合作优秀教材

# BIM 技术施工应用

主 编 刘 静 王 刚 徐立丹 毛 晖

副主编 罗学刚 周方晓 赵 泽 周 刚

徐 灿 钟 玮

西南交通大学出版社

·成 都·

图书在版编目（ＣＩＰ）数据

BIM 技术施工应用 / 刘静等主编. —成都：西南交
通大学出版社，2023.2
ISBN 978-7-5643-9171-3

Ⅰ. ①B… Ⅱ. ①刘… Ⅲ. ①建筑工程 – 施工管理 –
应用软件 – 高等学校 – 教材 Ⅳ. ①TU71-39

中国国家版本馆 CIP 数据核字（2023）第 009691 号

BIM Jishu Shigong Yingyong
## BIM 技术施工应用

主编 刘 静 王 刚 徐立丹 毛 晖

| | |
|---|---|
| 责 任 编 辑 | 杨 勇 |
| 封 面 设 计 | GT 工作室 |
| | 西南交通大学出版社 |
| 出 版 发 行 | （四川省成都市金牛区二环路北一段 111 号 |
| | 西南交通大学创新大厦 21 楼） |
| 发行部电话 | 028-87600564　028-87600533 |
| 邮 政 编 码 | 610031 |
| 网 址 | http://www.xnjdcbs.com |
| 印 刷 | 成都蜀雅印务有限公司 |
| 成 品 尺 寸 | 185 mm × 260 mm |
| 印 张 | 13.5 |
| 字 数 | 336 千 |
| 版 次 | 2023 年 2 月第 1 版 |
| 印 次 | 2023 年 2 月第 1 次 |
| 书 号 | ISBN 978-7-5643-9171-3 |
| 定 价 | 48.00 元 |

# 《BIM 技术施工应用》编委会

**主　编**　刘　静　王　刚　徐立丹　毛　晖

**副主编**　罗学刚　周方晓　赵　泽　周　刚　徐　灿　钟　玮

**编写成员**（排名不分先后）

刘继光　毛梓丞　倪忻洲　陈　伟　陈　亮　陈嘉豪

李佳健　翟　晶　阳　霞　刘黔蜀　李　签　肖　飞

倪茂杰　胡　林　陈旭洪　魏　锟　付　斌　苟启娟

杨宇宸　王义佳　刘　韬　蒋生祥　刘　杰　毛　坤

# 前　言

BIM（Building Information Modeling）即建筑信息模型，是以三维数字技术为基础，集成建设工程项目各种相关信息的工程数据模型。BIM 技术是对工程项目设施实体与功能特性的数字化表达。当前应用 BIM 技术的工程项目越来越多，住房和城乡建设部以及一些省市发布了 BIM 应用政策，高校及企业也在开展 BIM 技术教学及应用。通过将工程项目的各项基础数据进行整合，进行模型的建立，将工程项目相关信息通过 BIM 技术相关联，以三维模型的方式对整个工程项目进行全面的展示。Revit 是实现这种技术和理念的最重要的建模工具。

Revit 建模功能强大，用其建立的模型具有高精度、高适用度、高成果展示度等优点，能与其他软件进行良好的配合工作，贯穿项目的全寿命周期。我们需要认识到 Revit 建模与 BIM 技术是有本质的区别的。BIM 技术是创建和利用项目数据在其全生命周期内进行设计、施工和运营的业务过程，允许项目相关方通过数据互用，尤其是集成及分享信息，减少传统模式下因设计表达、消息传递、专业不互通等方面因素导致的图纸错漏碰缺，提升项目的智能管理和质量、进度、投资控制水平。

本书内容包括给排水模型的创建、消防模型的创建、暖通模型的创建、电气系统的创建、碰撞检查、管线综合、场地布置、模拟施工等，编写过程结合了课程教学及工程实践应用。本书适合作为高等院校 BIM 概论、建筑信息技术、BIM 技术应用等相关课程的教材使用，也可供 BIM 技术培训机构或自学者参考阅读，对参加全国 BIM 技能等级考试或者相关资格认证的人员也有很高的参考价值。

本书由攀枝花学院土木与建筑工程学院刘静、王刚，内蒙古科技大学土木工程学院徐立丹，郑州路桥建设投资集团有限公司毛晖担任主编，刘静老师负责撰写第 4 章至第 9 章内容，约 20 万字，其余部分由其他主编、副主编、编写人员共同编写。攀枝花学院土木与建筑工程学院、数学与计算机学院（大数据学院），攀枝花市 BIM 工程技术研究中心，上海市安装工程集团有限公司，郑州路桥建设投资集团有限公司，中国华西企业有限公司第三建筑工程公司为本书的编写和出版提供了很大的帮助，在此表示感谢。本书也是"四川省建筑信息模型（BIM）工程技术研究中心"申创成果。由于作者水平有限，书中难免有疏漏之处，敬请广大读者谅解并指正。联系邮箱：327080461@qq.com。

编　者

2022 年 8 月

# 目 录

# 第 1 章

# 绪 论

## 1.1 BIM 技术

BIM 即建筑信息模型（Building Information Modeling），是以三维数字技术为基础，集成了建筑工程项目各种相关信息的工程数据模型。BIM 是一种技术、一种方法、一个过程，能把建筑业业务流程和建筑物自身信息更好地集成起来，从而提高整个行业的效率。

## 1.2 Revit 软件优势

Autodesk Revit 软件是一款智能的设计和制图工具，Autodesk Revit 可以创建面向建筑、设备及管道工程的建筑信息模型。使用 Autodesk Revit 软件进行水暖电专业设计和建模，主要有以下优势。

### 1.2.1 缩短设计时间，简化沟通流程

Autodesk Revit 软件借助真实管线进行准确建模，可以实现智能、直观的设计流程。

Autodesk Revit 将给排水、暖通和电气系统与建筑和结构模型进行关联，通过碰撞检查，可在设计阶段发现问题，避免因设计问题所带来的时间和成本的浪费。借助 Revit，工程师发现问题可立即变更，在模型的任意一处进行变更，Revit 可在整个设计和文档中自动更新所有相关内容。

### 1.2.2 借助参数化变更管理，提高协调一致

利用 Autodesk Revit 软件完成建筑信息模型，能提高基于 Autodesk Revit 的建筑工程设计和制图的效率。它能够最大限度地减少设备专业设计团队之间，以及与建筑师和结构工程师之间的协作。通过实时的可视化功能，改善客户沟通并更快做出决策。Autodesk Revit 软件建立的管线综合模型可以与建立的建筑结构模型展开无缝协作。在模型的任何一处进行变更，Autodesk Revit 可在整个设计和文档集中自动更新所有相关内容。

### 1.2.3 运用三维模型进行施工交底，提高效率

使用 Autodesk Revit 进行水暖电建模后，将机房等复杂位置处单独展示三维模型，通过实时的可视化功能，将施工难点、施工顺序以及施工注意事项对工人进行交底。避免不同班组之间因为沟通不及时，导致效率低下的问题。

# 第 2 章

# 图纸处理

使用 Revit 绘制模型的过程中需要对原始图纸进行分解，在实际项目中，图纸存在各种各样的问题，本章主要对图纸常见处理的问题进行讲解。

## 2.1 图纸的分割导出

### 2.1.1 图纸在 CAD 模型空间内

使用 CAD2022 配合天正 CAD8.0 打开图纸"给排水平面图"，图纸若弹出图 2.1-1 所示情况，则表示缺少相应的字体。（任意 CAD 版本配合天正 CAD 使用）

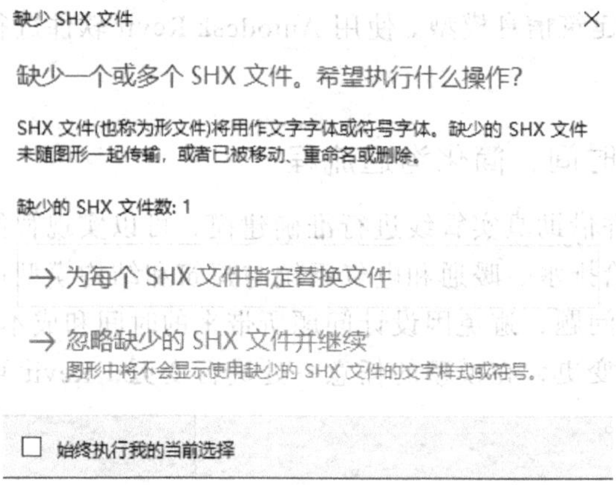

图 2.1-1　CAD 缺少字体提示

点击为每个 SHX 文件指定替换文件，进入图 2.1-2 所示界面，选择"gbcbig0"字体。

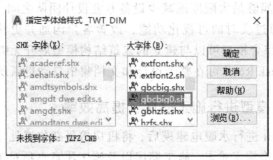

图 2.1-2　替换字体界面

提示："gbcbig0"字体由天正软件内置。若没有，用天正打开图纸不会出现此字体。可以在 CAD 字体库内进行添加。所有缺少的字体都替换成"gbcbig0"。

进入到图纸内，如图 2.1-3 所示，分别为天正的功能区以及模型空间位置。此张 CAD 文件的图纸都处于模型空间内。

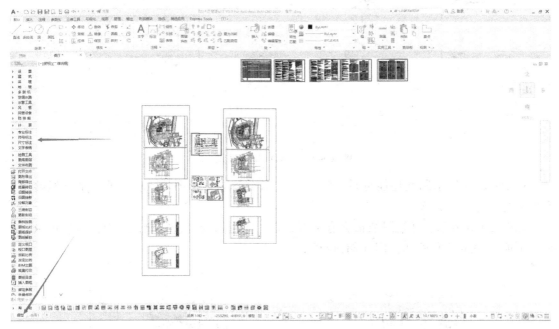

图 2.1-3　CAD 指示

首先选中图中任意图元，出现图 2.1-4 所示情况，表示图中所有图元成"块"，需要进行"炸开"处理，否则无法进行分割导出。

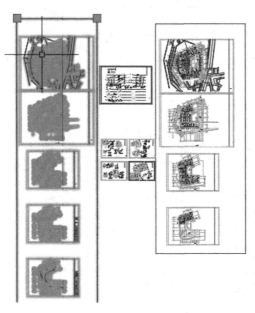

图 2.1-4　选中块

在 CAD 中输入"X"命令,使图块"炸开",若是图纸内容较多,等待时间会更长。"炸开"后如图 2.1-5 所示,能够选中图中任意图元。

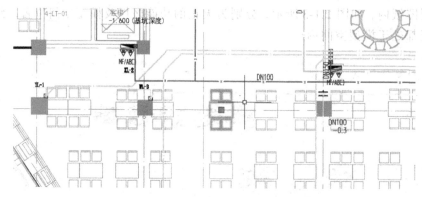

图 2.1-5　CAD 选中图元

提示:图中所示图元还能进行"炸开",使其分解为矩形图块,现在的图纸已经够用,不再进行"炸开"命令。

如图 2.1-6 所示,每张图纸都会有图框,需在处理图纸时进行删除。因其链接进 Revit 时,可能会提示"文件几何图元超过范围"。

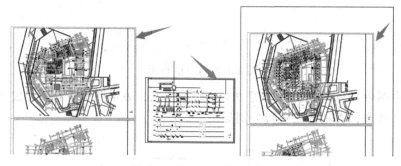

图 2.1-6　CAD 图纸图框

若图纸中存在建模时不需要的图元,需要使用天正"图库图层"选项卡下的"冻结图层"命令。如图 2.1-7 所示。

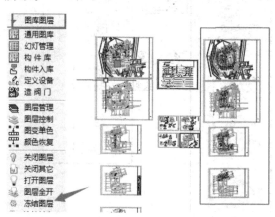

图 2.1-7　"冻结图层"位置示意图

左键单击进入命令,进入到模型空间内,将不需要的图层进行左键单击选中或是框选。冻结前如图 2.1-8 所示,冻结后如图 2.1-9 所示。

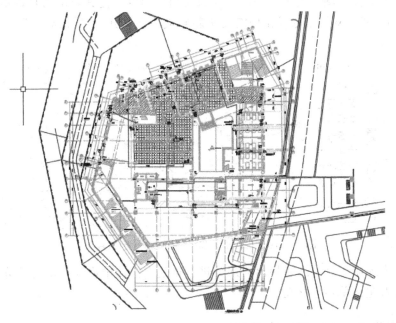

图 2.1-8　图层冻结前

图 2.1-9　图层冻结后

提示：也可以使用"快速选择"的方式选中图层对其进行删除，后面会介绍"快速选择"命令的使用。图中有"填充图案"的部分也可使用相同的方法进行冻结。

使用天正"文件布图"选项卡下的"局部导出"命令，使其导出的默认格式为"t3"，若使用 CAD 自带的"W"命令导出则需要重新转换一次格式。"局部导出"命令位置如图 2.1-10 所示。

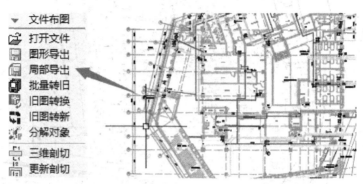

图 2.1-10 "局部导出"命令位置示意图

左键单击进入命令，对需要导出的部分进行框选。框选中需要导出的部分后，需要左键单击鼠标或者左键单击空格键。

## 2.1.2 图纸在 CAD 布局空间内

按照上述相同的方法打开提供的"布局导出练习图纸"，进入图纸后，模型空间内的图元与平时的图纸不一致，需要点击模型空间旁的布局空间，如图 2.1-11 所示。

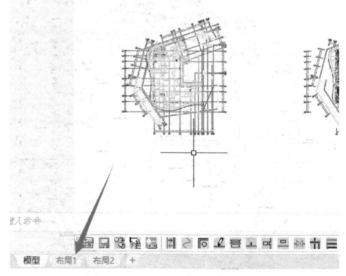

图 2.1-11 布局空间位置示意图

进入布局空间后，在布局空间按钮上右键单击，选择"将布局输出到模型"命令，如图 2.1-12 所示。进行此操作之前需要将布局内所有的图层进行解锁，否则会出现如图 2.2-13 所示情况，导致布局导出到模型失败。

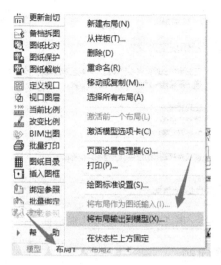

图 2.1-12 "将布局输出到模型"命令位置示意图

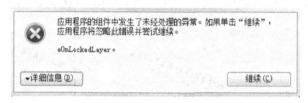

图 2.1-13 提示锁定图层

此时进行等待，图纸中内容越多其等待时间会越长。其他的方法是使用 CAD 快速看图软件中的会员功能进行图纸导出。导出为模型文件的图纸后，操作同前。

提示：布局空间内的图纸可能会存在比例不符的情况，需要进行测量检查。并在软件中使用缩放命令对其进行更改。使用天正的"局部导出"命令也能将图纸导出，但可能会出现问题。

## 2.2 Revit 链接图纸问题

### 2.2.1 链接图纸无有效图元

如图 2.2-1 所示，链接图纸后出现此类情况，需要通过 CAD 软件对图纸进行修复。

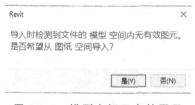

图 2.2-1 模型空间无有效图元

打开 CAD 软件，注意：打开 CAD 软件，而不是打开 CAD 文件。进入界面后输入"RECOVER"命令，选择需要修复的图纸。修复提示如图 2.2-2 所示，修复后，使用天正图形导出命令。

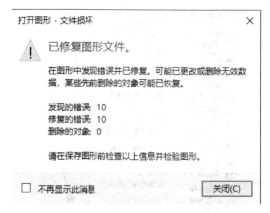

图 2.2-2　修复文件提示框

## 2.2.2　链接图纸字体问题

链接图纸进入 Revit 后出现图 2.2-3 情况，是因为 Revit 无法识别 CAD 中的某些字体。

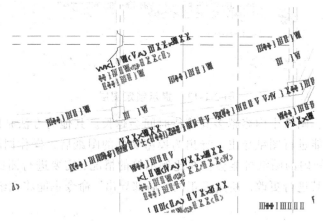

图 2.2-3　Revit 无法识别字体

这时，需要通过 CAD 软件对其字体进行修改。打开"字体问题练习"图纸后，在命令中输入"ST"命令进入"文字样式"界面，如图 2.2-4 所示。

图 2.2-4　文字样式界面

进入这个界面后，将第一个字体的"SHX 字体"和"大字体"分别更改为"simple.shx"和"gbcbig0"，如图 2.2-5 所示。

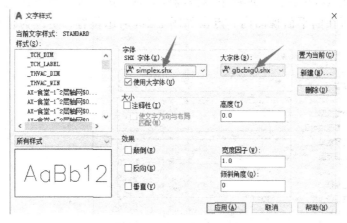

图 2.2-5　文字样式更改

接着回到模型空间，先输入"CH"命令打开特性，框选全部图元，点击图 2.2-6 所示位置，选择"文字"。

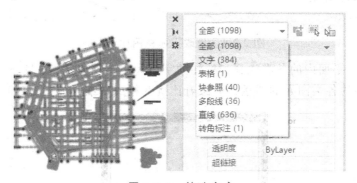

图 2.2-6　筛选文字

再将其中的样式更改为之前修改的文字样式，如图 2.2-7 所示。

图 2.2-7　更改选中的文字样式

### 2.2.3 链接图纸线型问题

链接图纸进入 Revit 后，出现线条不连续的问题。第一种解决方法为：更改平面视图的比例，在图纸所在的平面视图内，点击如图 2.2-8 所示位置，更改为任意比例，使其线条连续。

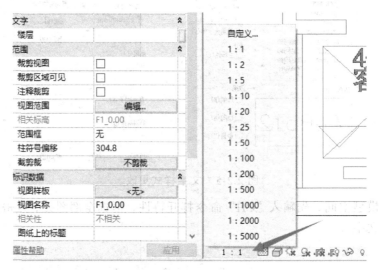

图 2.2-8 更改平面视图比例

这种方法会使平面内的各类注释和标注的字体大小出现变化，并且若是没有开启"细线模式"Revit 种的各类图元的线条也会跟着比例变粗或变细，如图 2.2-9 所示。

图 2.2-9 调整比例引起变化

第二种办法为：在 CAD 软件内使用"快速选择"命令对其所在图层的线型进行修改。打开图纸后，输入"CH"将特性界面调出，左键单击图 2.2-10 所示区域。

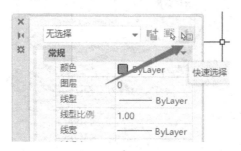

图 2.2-10 "快速选择"位置示意图

进入后，根据图 2.2-11 所示设置，注意将红框部分设置为需要修改的线型所在图层。

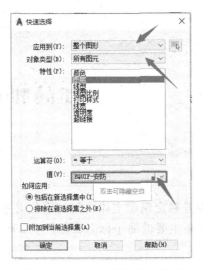

图 2.2-11　设置快速选择条件

选中后，在线型选项下将其修改为实线，如图 2.2-12 所示。

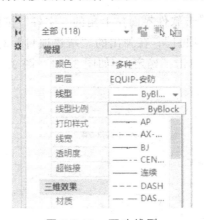

图 2.2-12　更改线型

## 2.2.4　链接图纸超出范围问题

如图 2.2-13 所示出现，因 CAD 图纸中存在一些不需要的图元，并且这些图元距离图纸中心很远，在导出图纸时被忽略所致。

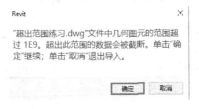

图 2.2-13　超过范围提示

通过打开图纸文件，在空白区域双击鼠标中键，软件会将图纸中所有的图元显示在屏幕中央，可看见有小的图块距离图纸很远。将小图块删除，图纸处理完成。

# 第 3 章

# 标高轴网的创建

　　创建水暖电模型之前，需要确定模型主体之间的定位关系，将建筑模型、结构模型和机电模型完整定位。其定位关系主要借助于标高和轴网。本章主要讲解两种如何绘制标高和轴网的办法。

## 3.1　新建项目

　　启动 Revit 软件，左键单击软件界面左上角的"文件"按钮，在弹出的下拉菜单中依次选择左键单击"新建">"项目"，在弹出的"新建项目"对话框中左键单击"浏览"，选择"4#楼-机电样板"左键单击"确定"，如图 3.1-1、图 3.1-2、图 3.1-3 所示。

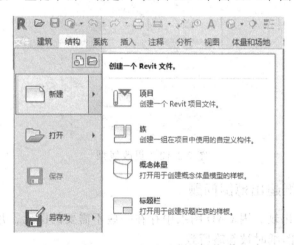

图 3.1-1　新建项目界面

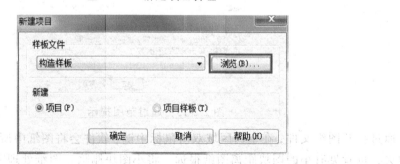

图 3.1-2　新建项目对话框界面

图 3.1-3 选择项目样板界面

打开文件后左键单击界面左上角的"文件"按钮,在弹出的下拉菜单中依次左键单击"另存为">"项目",如图 3.1-4 所示,项目文件命名为"4#楼-机电模型"。

图 3.1-4 保存项目界面

## 3.2 标高的创建

在机电建模中,使用的是建筑标高,而非结构标高。下面介绍两种标高的绘制方法。

### 3.2.1 无建筑模型下标高的绘制

#### 1. 进入立面图

在项目浏览器中展开"立面(建筑立面)"项,双击视图名称"东"(或右键单击),进入东立面视图,样板文件设置标高——F1-0.00,作为零标高,如图 3.2-1、图 3.2-2 所示。

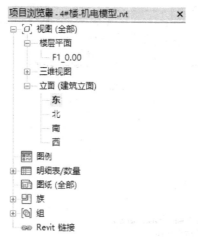

图 3.2-1　项目浏览器界面

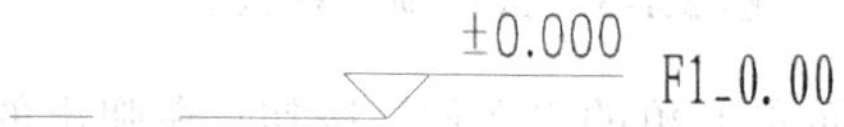

$$\pm 0.000 \quad F1\_0.00$$

图 3.2-2　东立面视图

## 2. 创建标高

在"建筑"选项卡下选中标高命令，根据需要选择标高的符号后，在立面视图进行绘制。左键单击标高符号上的数字根据实际需求修改标高，左键单击文字修改标高的名称。同时楼层平面下也会同步创建一个平面，如图 3.2-3 所示。

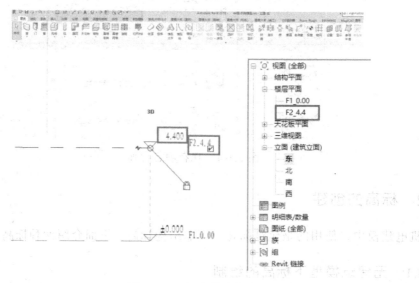

图 3.2-3　标高绘制图

## 3. 标高的锁定

选择所绘制的标高，左键单击"修改标高"上下文选下卡"修改"面板中"锁定"工具（或使用快捷键 PN），锁定绘制完成的标高，如图 3.2-4 所示。

图 3.2-4 "锁定"命令位置图

## 3.2.2 有建筑模型下标高的绘制

### 1. 链接 Revit 建筑模型

打开样板文件，在"插入"选项卡下选择链接 Revit，在弹出的对话框中选中"4#楼-建筑模型"，如图 3.2-5 所示。

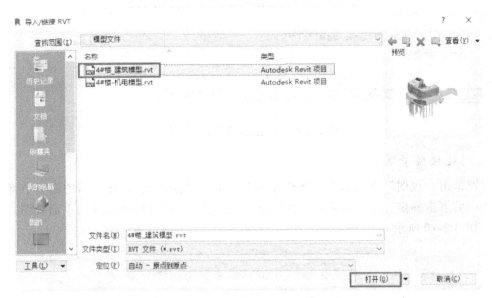

图 3.2-5 链接建筑模型界面

### 2. 通过复制/监视绘制标高

左键单击"协作"选项卡下"复制/监视命令"下的选择链接后，再到项目中选择链接的建筑模型。在面板下选择复制命令并勾选多个，再转到任意立面视图框选需要复制的标高，单击取消后的过滤器，取消其他选项，只选择标高，点击下面这个完成，再点击带√的完成（若试图未出现带√的完成，在操作界面任意空白处单击则可）。如图 3.2-6、图 3.2-7 所示。

图 3.2-6 "复制/监视"位置图

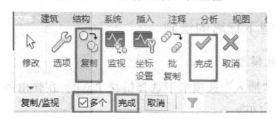

图 3.2-7 "复制/监视"界面

### 3. 检查标高是否创建

左键单击"视图"选项卡下"可见性/图形"（或使用快捷键 VV），在弹出的对话框中选择"Revit 链接"，将"4#楼-建筑模型"前面的勾去掉，点击应用和确定。如图 3.2-8 所示。

图 3.2-8 可见性-隐藏建筑模型

### 4. 创建楼层平面

左键单击"视图"选项卡下"平面视图"中的"楼层平面"，在弹出的面板中将视图全部选中后点击确定，在"项目浏览器"的"楼层平面"中看到所创建的平面视图。如图 3.2-9、图 3.2-10 所示。

图 3.2-9 "楼层平面"位置图

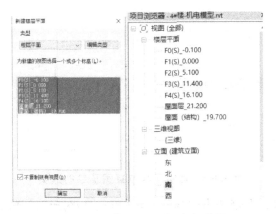

图 3.2-10　楼层平面创建完成图

## 3.3　轴网的创建

### 3.3.1　无建筑模型下轴网的绘制

**1．链接 CAD 底图**

轴网是通过导入相关的 CAD 图，并以 CAD 图原有轴网为依据来创建。在软件界面的项目浏览器中，双击楼层平面下的视图 F1_0.000，进入 F1_0.000 的平面视图。左键单击"插入"选项卡下"导入"面板中的"链接 CAD"，左键单击打开"链接 CAD 格式"对话框，在本课件附带的相关资料中选择"一层平面图"DWG 文件。

具体设置如下：勾选"仅当前视图"，"图层"选择"全部"，"导入单位"选择"毫米"，"定位"选择"手动-中心"，放置于选择"F1_0.000"，其他选项选择默认设置，左键单击"打开"，如图 3.3-1 所示。链接 CAD 底图之后，需对底图进行锁定。

图 3.3-1　链接 CAD 图界面

**2．创建轴网**

左键单击"建筑"选项卡下"基准"面板中的"轴网"工具（或使用快捷键 GR），选择"拾取线"命令，依次左键单击 CAD 图中各轴线，创建轴网，如图 3.3-2 所示。

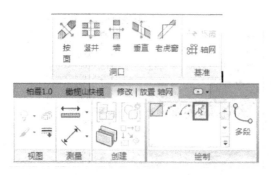

图 3.3-2　轴网工具位置图及绘制选项

　　轴网创建完成之后，左键单击"视图"＞"可见性/图形"，弹出可见性图形设置对话框。左键单击"导入的类别"选项，取消勾选"一层平面图"，如图 3.3-3 所示。

图 3.3-3　可见性界面-隐藏给水平面图

　　完成轴网如图 3.3-4 所示。

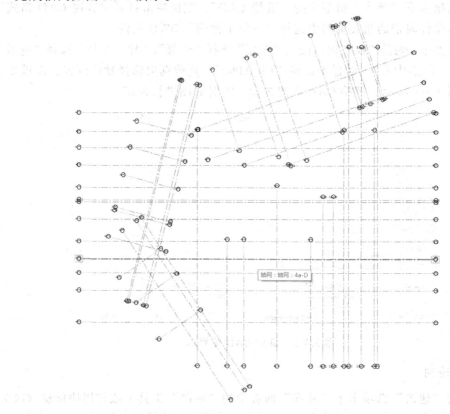

图 3.3-4　轴网创建完成图

### 3.3.2 有建筑模型下轴网的绘制

**1. 链接 Revit**

同创建标高时操作相同，不过多赘述。

**2. 进入平面视图，创建轴网**

双击楼层平面下的视图"F1_0.000"，进入"F1_0.000"的平面视图。通过"协同"选项卡下的"复制/监视"命令进行轴网的创建。操作方法与创建标高相同。轴网较多，可通过框选整个建筑模型后，选择过滤器帮助快速选择轴网进行复制。如图 3.3-5 所示。

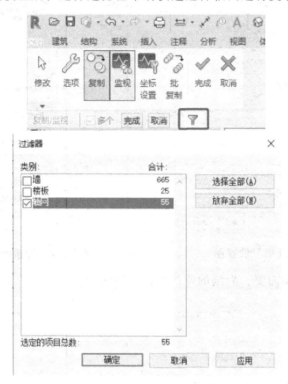

图 3.3-5　过滤器位置图及过滤器界面

**3. 检查轴网是否创建**

操作方法与标高检查操作相同。

**4. 轴网的锁定**

操作方法同标高的锁定。

### 3.3.3 更改视图背景色

因机电管线涉及的颜色众多，在白色背景下容易看错，将其更改为黑色。左键单击界面左上角的"文件"，再左键单击图 3.3-6 所示的"选项"按钮，打开后选择"图形"可看到能更改颜色的部分，如图 3.3-7 所示。根据自己的喜好，更改颜色、透明度等。

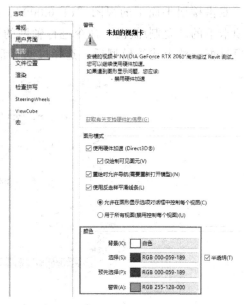

图 3.3-6 "选项"位置图 　　　　　图 3.3-7　背景颜色替换界面

提示：因出版打印需要，后续的背景色依旧使用白色。

# 第 4 章

# 给排水模型的绘制

给排水系统包括空调水系统、生活给排水系统及雨水系统等。空调水系统分为冷冻水、冷却水、冷凝水等系统。生活给排水分为冷水系统、热水系统、排水系统等。本章主要讲解给排水系统在 Revit 中的绘制方法。

案例中，需要绘制的有普通给水、废水管、雨水管，添加各种阀门管件，并与机组相连，形成生活用水系统。需要说明的是本案例中的空调水部分不属于给排水范畴，但由于都属于管道绘制范畴，所以统一在这里绘制。

绘制水管时，需要注意图例中各种符号的意义，使用正确的管道类型和正确的阀门管件，保证建模的准确性。

## 4.1 给排水部分识图

首先对照图纸目录检查图纸是否齐全，避免在建模过程中影响效率。图纸齐全后，第一步为阅读设计说明，重点阅读部分为：管材、连接方式、保温、阀门、管道附件和图例。如图 4.1-1 所示，为本案例的管材要求和连接方式。

| 系统类别 | 安装位置 | 管径 | 管材 | 连接方式 |
|---|---|---|---|---|
| 给水、生活热水、中水 | 立干管、入户内垫层前管道 | DN≤100 | 薄壁不锈钢管S30408 | 环压式连接 |
| | | DN>100 | 薄壁不锈钢管S30408 | 沟槽式卡箍连接 |
| 给水、中水支管 | 户内垫层 | | PP-R给水管S4系列 | 热熔连接 |
| | | | 使用条件级别：20℃、1.0MPa，使用50年 | |
| 生活热水支管 | 户内垫层 | | PP-R给水管S4系列 | 热熔连接 |
| | | | 使用条件级别：1级 | |
| 污废水立管、横支管 | 全部 | | 硬聚氯乙烯排水管 | 胶粘剂粘接 |
| 压力污废水管 | 全部 | DN≤100 | 热浸镀锌钢管 | 螺纹连接 |
| | | DN>100 | | 沟槽连接 |
| 自动喷水给水管 | 全部 | DN≤50 | 热浸镀锌钢管 | 螺纹连接 |
| | | DN>50 | | 沟槽连接 |
| 消火栓给水管 | 全部 | DN≤50 | 热浸镀锌钢管 | 螺纹连接 |
| | | DN>50 | | 沟槽连接 |
| 管材承压按系统工作压力确定。 | | | | |

图 4.1-1 管材和连接方式

第二步阅读系统图，以给水系统为例，如图 4.1-2 所示。能看出系统中介质的来源、去处、立管编号、管径、部分立管阀门和附件。

图 4.1-2　系统图识图

第三步阅读平面图，以给水系统为例，如图 4.1-3 所示。结合系统图进行识图，管道中介质来源和去处能够对应上。但是平面图内会有阀门和附件在系统图内没有，这是部分阀门和附件在系统图内无法显示的原因。

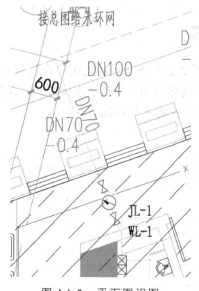

图 4.1-3　平面图识图

在后续的绘制过程中也会讲解其他部分的识图内容。

## 4.2　给水系统的绘制

### 4.2.1　链接 CAD 图纸

打开之前保存的"4#楼-机电模型"文件，在项目浏览器中双击进入"楼层平面

F1_0.000"平面视图，左键单击"插入"选项卡下"导入"面板中的"链接 CAD"，左键单击打开"链接 CAD 格式"对话框，从"给排水"中选择"一层平面图"DWG 文件，具体设置如图 4.2-1 所示。

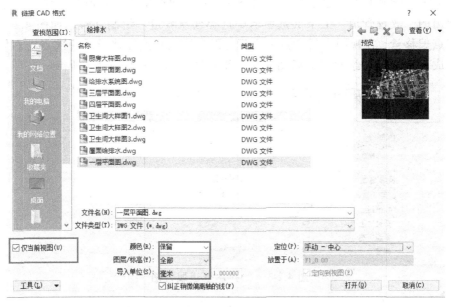

图 4.2-1　链接给水 CAD 平面图界面

链接之后将 CAD 图纸的轴网与项目轴网对齐锁定。之后在属性面板选择"可见性/图形替换"，在"可见性/图形替换"对话框中"注释类别"选项卡下，取消勾选"轴网"，左键单击两次确定。隐藏轴网的目的在于使绘图区域更加清晰，便于绘图，如图 4.2-2 所示。

图 4.2-2　可见性界面-隐藏轴网

### 4.2.2　绘制给水管

**1. 立管与水平管的绘制方法**

在"系统"选项卡下，左键单击"卫浴和管道"面板中的"管道"工具（快捷键 PI），在自动弹出的"放置管道"上下文选项卡中选择任意管道。绘制立管，如图 4.2-3 所示首先输入起点偏移量，在视图内任意点击之后，再次输入终点偏移量后两次点击右侧的"应用"可生成一根立管。绘制完成后切换到三维视图查看，如图 4.2-4 所示。

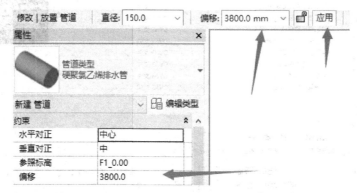

图 4.2-3　给排水管道属性图

图 4.2-4　管道绘制三维图

提示：偏移量是在平面视图设置的。可通过点击如图 4.2-5 所示的按钮在项目浏览器内切换到三维视图。

图 4.2-5　"三维"命令位置图

绘制水平管道：如上所示只设置一个偏移量，绘制如同绘制直线一样，在视图平面内绘制。绘制完成后如图 4.2-6 所示。

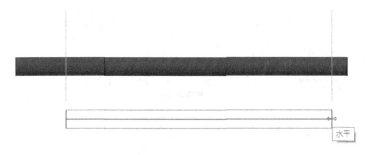

图 4.2-6　绘制管道图

## 2. 绘制给水系统管道

如上所示点击打开"放置管道"对话框，在界面内选择"直径"70 mm，修改"偏移量"为-400 mm，"管道类型"选择"PPR 管"，"系统类型"选择 J 一区生活给水系统，如图 4.2-7 所示，设置完成之后在绘图区域绘制水管。首先在起始位置左键单击鼠标左键，拖拽光标到需要转折的位置左键单击鼠标左键，再继续沿着底图线条拖拽光标，直到该管道结束的位置，左键单击鼠标左键，按"ESC"键退出绘制。绘制完成时用对齐命令将管道与 CAD 底图对齐。

提示：对齐时选择的对象为管道，管件不能对齐。

提示：将偏移量设置为"-400 mm"是要与图 4.2-8 所示给排水平面图内这段管道的直径和偏移量相同，并且与系统图中表示一致。

图 4.2-7　给水管属性设置界面

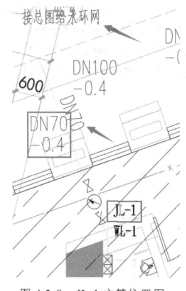

图 4.2-8　JL-1 立管位置图

在绘制过程中遇到立管时候，在"放置管道"上下文选项卡中的选项栏里修改"偏移量"，此处设置为 1 000 mm，如图 4.2-9 所示，左键单击"应用"自动生成相应的立管，结果如图 4.2-10 所示。

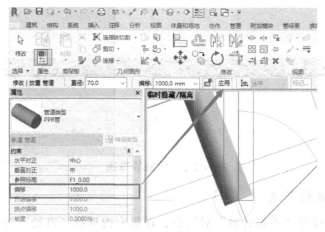

图 4.2-9　立管绘制过程图

图 4.2-10　立管绘制完成图

提示：此绘制方法适用于在绘制完水平管后，没有按"Esc"键退出绘制命令的情况。若是按一次"Esc"是没有完全退出命令，只是退出了连续绘制。则需将鼠标放置于刚绘制的管道末端，出现如图 4.2-11（a）的图样后左键单击鼠标左键继续绘制。若是按两次"Esc"退出了绘制，则需要通过重新选择命令进入。如图 4.2-11（b）所示，左键单击管道在箭头所指的特殊符号处右键单击，选择继续绘制管道。

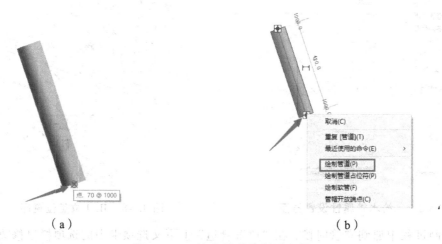

（a）　　　　　　　　　　　　　　　　　（b）

图 4.2-11　给水管道绘制过程图

如图 4.2-12 所示，出现了两个立管标识，且中间出现了水表和阀门。但是两个立管之间的水平管的偏移量在系统图中未表示，按照水表常规安装高度 1 000 mm 设置。

绘制完成这部分后如图 4.2-13 所示。

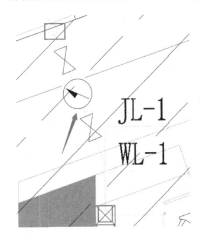
图 4.2-12　水平管偏移量问题

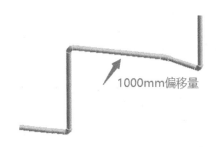
1000mm偏移量
图 4.2-13　水平管偏移量问题完成

　　提示：根据系统图将立管绘制到顶部最高的地方，在其余的楼层视图内可见这根立管的表示，下一根立管的偏移量设置为 18 900 mm。根据系统图，这根立管会在第三层和第四层变径，不用提前设置变径，在之后每一层绘制支管生成三通过后再选择变径。

　　立管绘制完成后，接着绘制首层的水平管。如图 4.2-14 所示，管道从卫生间引出的，需要先参照卫生间大样图与首层平面图对比有无误差。

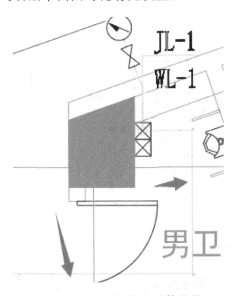
图 4.2-14　给水管道水平管识图 1

　　通过对比图 4.2-15，在卫生间区域的管道是与首层平面图中表示不差异，按照绘制惯例，当平面图和大样图有误差时，以卫生间大样图为准。

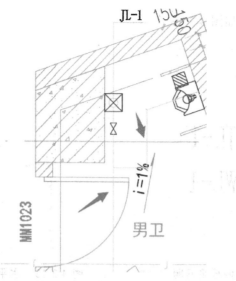

图 4.2-15  给水管道水平管识图 2

提示：在厨房、卫生间以及机房等位置，平面图和大样图出现误差，均以其大样图为准。

绘制卫生间，需要链接卫生间大样图。方法同上一步，对齐并锁定图纸（卫生间大样图 2）后根据图纸绘制，注意系统图上管径的变化，如图 4.2-16 所示。在绘制过程中，只能在三通或者四通的地方进行变径。

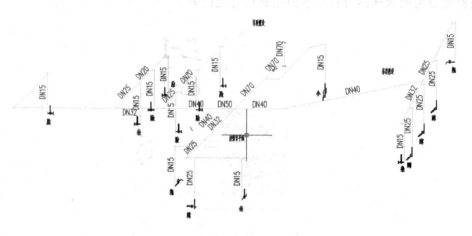

4-W-01卫生间给水系统图 1:50

图 4.2-16  卫生间给水系统图

首先确定水平管的偏移量，若偏移量系统图未给出，则可根据现场施工经验分析判断，管道需走梁下和吊顶内，将偏移量先设置为 3 000 mm，后期管线综合时再做调整。

三通绘制方法一：如图 4.2-17 所示，先绘制水平管设置 3 000 mm 的偏移量，箭头所指的位置并未与立管连接，其原因为使用"修剪/延伸为角"命令（快捷键 TR）进行连接时，不会自动生成三通而是生成弯头，这样会使之前绘制的立管没有意义。使用插件进行连接则不会出现此问题，市面上的插件基本都有这个功能，自行选择。

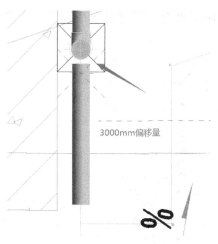

图 4.2-17　水平管与立管连接问题

　　如图 4.2-18 所示，绘制时需要绘制三通的情况，先将这根水平管绘制完成如图 4.2-19 所示后，左键单击选中弯头，可以看到在弯头另外两个方向会出现两个 ✛，左键单击图中所示位置的 ✛，如图 4.2-20 所示。

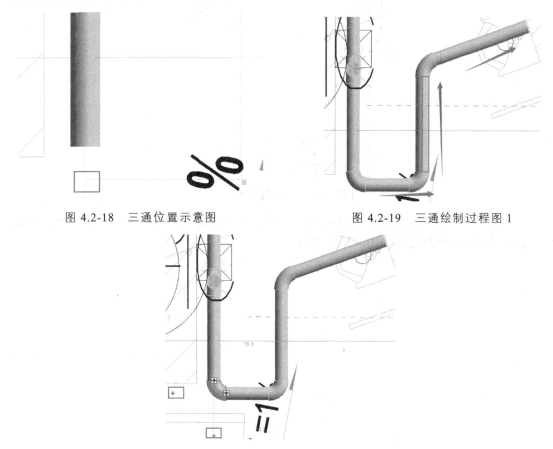

图 4.2-18　三通位置示意图　　　　　　　图 4.2-19　三通绘制过程图 1

图 4.2-20　三通绘制过程图 2

　　接着三通绘制另一根管道。左键单击选择三通，右击三通左端拖拽按钮，如图 4.2-21

所示，选择绘制管道，沿着图纸绘制。同时根据系统图将未修改的管径修改为 DN15，如图 4.2-22 所示。

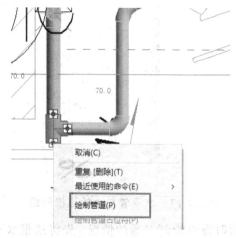

图 4.2-21　三通绘制过程图 3

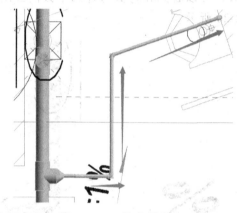

图 4.2-22　修改管径图

根据系统图，DN15 支管的管道末端有一段向下的立管。绘制方法同之前一样，将偏移设置为 1 000，绘制完成如图 4.2-23 所示。

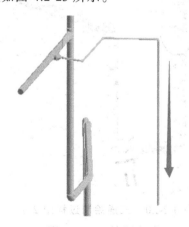

图 4.2-23　绘制完成图

继续往下绘制，如图 4.2-24 所示位置有一四通，绘制方法和绘制三通的方法相同。

三通绘制方法二：绘制管道时选择"自动连接"将两段管道绘制为交叉管道，软件会自动生成四通，再根据系统图修改管径，如图 4.2-25 所示。

图 4.2-24　四通位置示意图　　　　　　　　　　　图 4.2-25　四通绘制过程图

提示："自动连接"在如图 4.2-26 的位置，其是默认打开的。

图 4.2-26　"自动连接"位置图

绘制完成四通后继续绘制卫生间部分，如图 4.2-27 所示绘制任意一边。

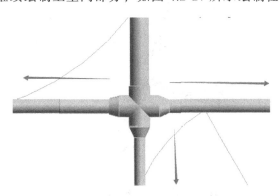

图 4.2-27　四通绘制完成图

选择绘制向右箭头处的管道，沿着绘制完成的四通绘制下去到如图 4.2-28 所示位置出现三通，创建方式和之前讲解的相同。

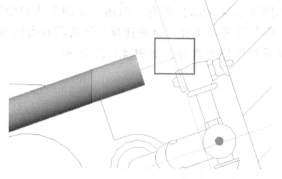

图 4.2-28  三通位置示意图 2

注意需根据系统图确定管道的管径如图 4.2-29 所示。

图 4.2-29  给水三通管径示意图 1

绘制完成如图 4.2-30 所示。

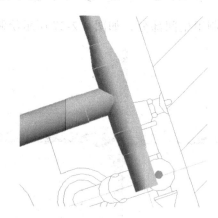

图 4.2-30  三通绘制完成图

继续绘制用水设备的给水管道。首先绘制"大便器"的给水管道，按照图纸所示：从干管上将向下的一根管道进行连接，根据现场施工经验，给水管道是在墙上开槽进行暗敷的，绘制需要注意如图 4.2-31 所示，需向墙的方向绘制三通。

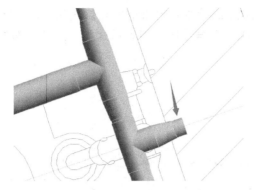

图 4.2-31　给水管道暗敷示意图

绘制完成三通后，继续读取图纸，绘制一根向下的管道，根据系统图确定管径。使用此绘制方法将这一方向的其他管道绘制完成，完成如图 4.2-32 所示。

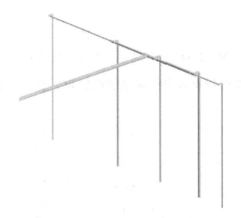

图 4.2-32　给水管道绘制完成图 1

继续绘制图 4.2-27 向下箭头方向处的管道，如图 4.2-33 所示出现三通的位置，按照之前的方法绘制。

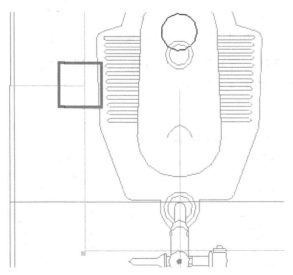

图 4.2-33　三通位置示意图 3

这里介绍一种特殊情况，因给水管道采取的热熔连接，若是绘制过程中三通出现如图4.2-34所示情况，三通变成了卡箍连接，则表示这类管道的"布管系统配置"出现问题。

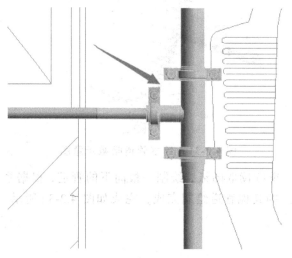

图 4.2-34　布管系统配置问题处理 1

出现这类问题，在软件内任意选中给水系统的管道，点击"属性"下"编辑类型"，如图 4.2-35 所示。

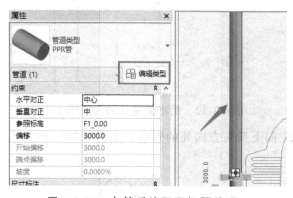

图 4.2-35　布管系统配置问题处理 2

左键单击进入后，选择布管系统配置右边的编辑按钮，注意修改前需核对是否修改的是出现问题的管道类型，如图 4.2-36 所示。

图 4.2-36　布管系统配置问题处理 3

进入后定位到有问题的连接件，在相应的位置进行替换，将三通替换回热熔连接，如图 4.2-37 所示。

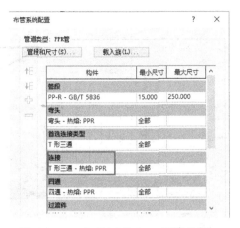

图 4.2-37　布管系统配置问题处理 4

设置完成后，到平面将卡箍三通删除，重新绘制。这里绘制完成如图 4.2-38 所示。

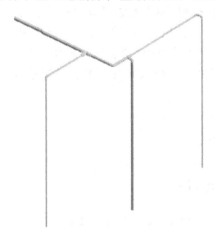

图 4.2-38　给水管道绘制完成图 2

继续绘制图 4.2-27 向左箭头方向处的管道，使用"自动连接"绘制三通，如图 4.2-39 所示。将需要创建三通的管道绘制完成。左键单击管道，使用鼠标左键按住进行拖动使其与另外一根管道相交自动创建三通。

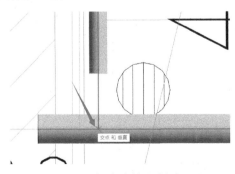

图 4.2-39　"自动连接"创建三通 1

提示：使用拖动进行创建可能会改变管道的标高，先绘制完成一根管道后，使用"自动连接"创建管道，如图 4.2-40 所示。创建完成，应及时根据系统图调整三通各个方位的管径。

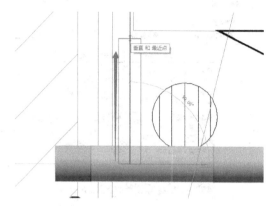

图 4.2-40　"自动连接"创建三通 2

介绍另外一种管道连接情况，绘制四通等构件之后，出现删除四通且中间管道断开，使用"修剪/延伸为角"命令（快捷键 TR）无法将管道连接，这是管道出现了微小的偏移，导致两段管道的中心没有对齐，应使用"对齐"命令（快捷键 AL）将管道中心进行对齐后再使用"修剪/延伸为角"命令（快捷键 TR）进行连接。

注意如图 4.2-41 所示位置处为一根水平管，其接管需要转换到平面图中查看。然后将三通绘制表示出来。

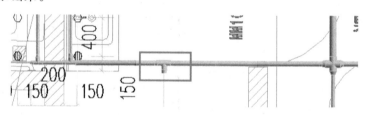

图 4.2-41　平面图接管

绘制完成如图 4.2-42 所示。

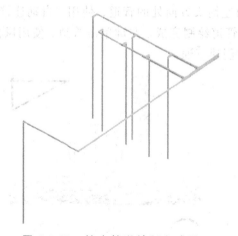

图 4.2-42　给水管道绘制完成图 3

继续绘制，卫生间区域需要将之前的一层平面图或将隐藏的图纸调出，如图 4.2-43 所示位置，有一根向上的立管，"JL-2"为立管编号。转到系统图确定这根立管高度，左键单击"管道"命令，按图 4.2-44 所示进行设置后左键单击管道中心，再按照图 4.2-45 修改第二次偏移。

提示：注意管径的变化，"JL-2"这一根立管都是"DN50"。可以在绘制之前设置立管的管径，也可以在绘制之后左键单击立管重新选择管径。

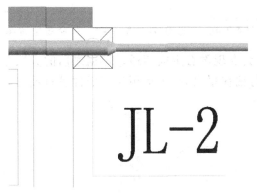

图 4.2-43　JL-2 立管位置图

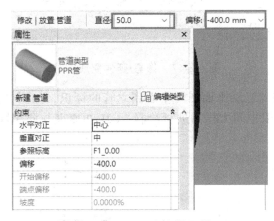

图 4.2-44　JL-2 属性设置图 1

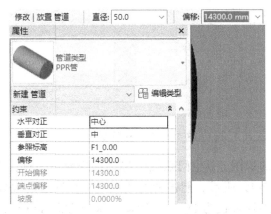

图 4.2-45　JL-2 属性设置图 2

将视图转到三维视图，若管道没有自动生成四通，则通过"修改"选项卡下的"修剪/延伸单个图元"命令后再分别左键单击所要生成的四通的两段管道，如图 4.2-46 所示。

图 4.2-46　"修剪/延伸单个图元"命令位置图

如图 4.2-47 所示，会发现没有生成四通，根据之前的方法左键单击三通后，左键单击＋号后生成四通。再将偏移量设置。（运用任意插件进行连接则不会出现此问题）

图 4.2-47　修剪/延伸完成图

JL-1 通往四层将在"二层平面图"中看到立管的标识，如图 4.2-48 所示。这里处于卫生间区域，需要链接卫生间大样图进行绘制。（JL-2 原理与此相同）

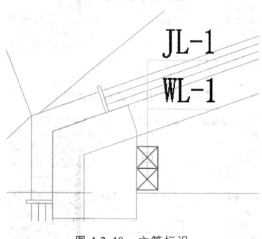

图 4.2-48　立管标识

讲解卫生间系统图的识图，卫生间系统图与总系统图不一致，但卫生间系统图的表示方法更为直观。如图 4.2-49 所示，能很清楚地看到每根管道的去处与管径。以红框位置为例，此处为坐便器，接管管径为 DN15，管道中水流方向如红色箭头所指。

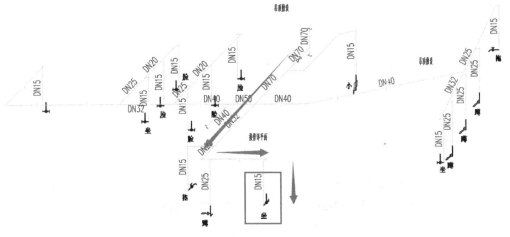

图 4.2-49　卫生间系统图识图 1

与卫生间平面图对应如图 4.2-50 所示。

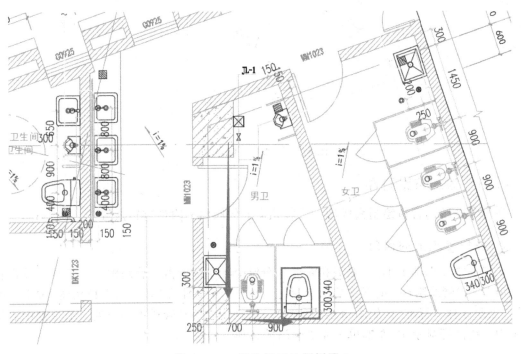

图 4.2-50　卫生间系统图识图 2

　　绘制机电模型时，需要当前系统绘制完成再去绘制第二个系统，而不是按照楼层绘制分开绘制。进入不同的楼层，链接不同楼层的图纸，碰到卫生间或是厨房的区域，需要链接相应的大样图。

　　其余给水管道，按照之前的绘制方法绘制，所有给水管道绘制完成之后如图 4.2-51 所示。

　　提示：注意如图 4.2-52 所示的区域内还有给水系统，但给排水系统图内并没有给出这一块的系统图，绘制时不要画漏掉。

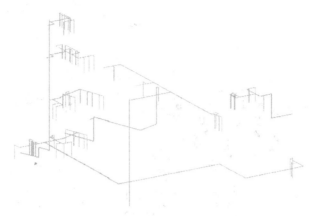

图 4.2-51　给水系统管道绘制完成图

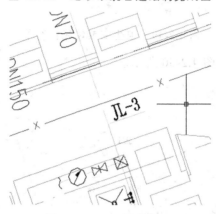

图 4.2-52　JL-3 位置图

### 4.2.3　添加管路附件

在每个系统的管道绘制完成后，需对管道上的阀门、附件进行放置。

**1．添加管道上的阀门**

在"系统"选项卡下，"卫浴和管道"面板中，左键单击"管路附件"工具，软件自动弹出"放置管路附件"上下文选项卡。左键单击"修改图元类型"的下拉按钮，选择"闸阀"，类型选择"标准"，如图 4.2-53 所示，把鼠标移动到管道中心线处，捕捉到中心线时（中心线高亮显示），左键单击完成阀门的添加。

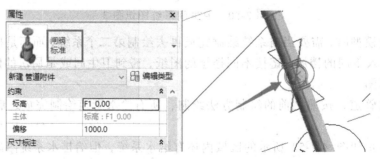

图 4.2-53　阀门放置图

根据平面图和系统图放置阀门，立管上的阀门在三维视图放置，放置完成修改相应的偏移量，如图 4.2-54 所示。若是系统图没有阀门的放置高度，则按照常用施工使用高度设置为 1 400 mm。

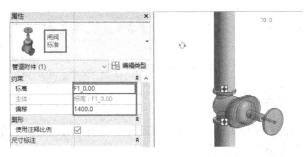

图 4.2-54　立管阀门放置完成图

管路上有各种不同的阀门，需根据图纸中给出的图例一一对应放置，放置时注意放置高度。若是平面和系统图未标明高度，则需根据施工规范设置高度。

2. 添加管道上的水表

在"系统"选项卡下，"卫浴和管道"面板中，左键单击"管路附件"工具，软件自动弹出"放置管路附件"上下文选项卡。左键单击"修改图元类型"的下拉按钮，选择"水表"，如图 4.2-55 所示，把鼠标移动到管道中心线处，捕捉到中心线时（中心线高亮显示），左键单击完成水表的添加。

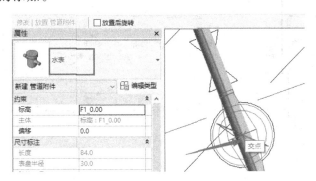

图 4.2-55　水表放置图

将项目中所有的水表添加完毕。

提示：在立管上的附件要到三维放置，水平管上的附件则在平面视图内进行放置。在三维只需调整其偏移量和朝向，如图 4.2-56 所示。在平面视图内则使用键盘上的方向键调整位置。

## 4.3　排水系统模型的绘制

排水系统主要有：污水系统、雨水系统、厨房排水系统、废水系统等。其绘制方法大多与给水管

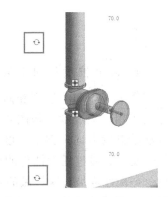

图 4.2-56　水表朝向

的绘制相同。区别在排水系统大多采用的是重力流排水，水平管段会带有坡度，方便水流的排出。以卫生间污水系统为例，介绍带坡度管道的绘制以及管道附件的放置。

坡度需从设计说明或是图纸标注处查看，如图 4.3-1 所示。

7） 坡度
管道安装坡度按施工图纸标注施工。无注明处其坡度应为：需要泄空的给水管≥0.002、热水管≥0.003，并坡向泄水点；

图 4.3-1 坡度要求

### 4.3.1 污水系统的绘制

如图 4.3-2 所示，首层的卫生间污水在系统图上没有表示，这是因为首层通过污水管道排入室外污水井，不需要接入立管。

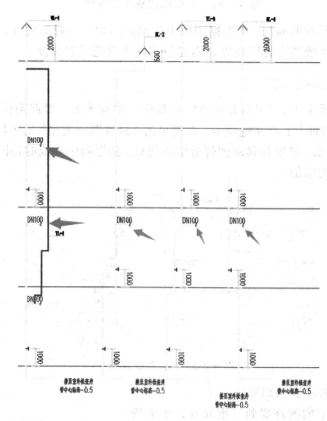

图 4.3-2 污水系统图

### 1. 向上坡度与向下坡度

管道采用向上坡度和向下坡度绘制都能绘制出合适的模型，与水流方向相反时，绘制方向采用向上坡度。如图 4.3-3 所示，红色箭头表示水流的方向，蓝色箭头是采用向上坡度法绘制的方向。向下坡度则相反。

提示：通过任意插件的帮助，在绘制时可以绘制不带坡度的管道，在进行管线综合之后，一次性成坡。这样做的意义是，在进行管线综合时经常会断开三通或四通，若是管道带坡度会使后面连接时出现连接不通的问题。

## 2．卫生间污水管的绘制

按照之前的方法链接图纸，对齐锁定。如图 4.3-4 所示卫生间污水管的起始标高为
-0.450 m，坡度为 0.026。左键单击"系统"选项卡下的"管道命令"，根据设计说明选择
管材为硬聚乙烯排水管，根据系统图设置管道直径为 100 mm。并且按照系统图设置起始
标高和坡度，如图 4.3-5 所示。（卫生间大样图 2）

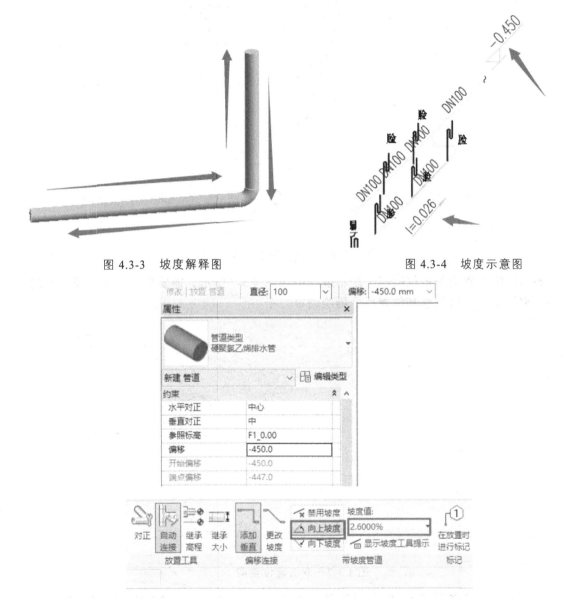

图 4.3-3　坡度解释图　　　　　　　　　　　图 4.3-4　坡度示意图

图 4.3-5　坡度设置图

从起始点绘制到第一个三通位置，如图 4.3-6 所示，能看到起始点偏移量与终点偏移
量是不相同的，这是因为坡度的原因。

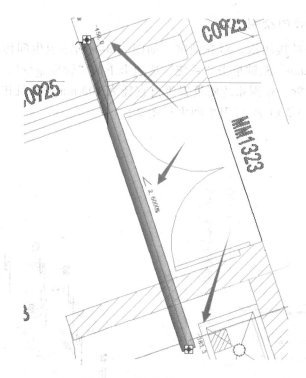

图 4.3-6　坡度绘制示意图

　　根据图纸上管道的定位绘制，绘制过程中如图 4.3-7 所示，需要生成两个三通，空间不够，需绘制一个后调整其位置后，再绘制第二个。

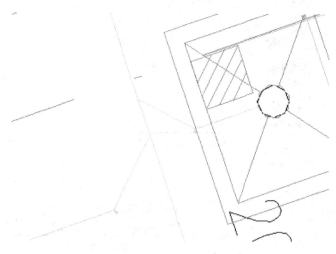

图 4.3-7　双三通位置图

　　绘制时将继承高程打开，能保证管道标高的准确性，特别是在绘制完一段后需要在这段上绘制三通和四通时。

　　绘制第一个三通结束后，运用修改选项卡下的移动命令，对其位置进行调整以便于第二个三通的生成，绘制完成的模型如图 4.3-8 所示。

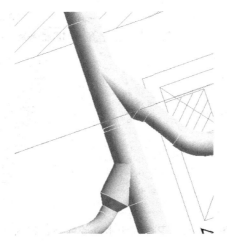

图 4.3-8　双三通绘制完成图

根据系统图以及平面图，管道上还有大量立管需绘制，如图 4.3-9 所示，系统图上有立管、地漏、清扫口需要放置。

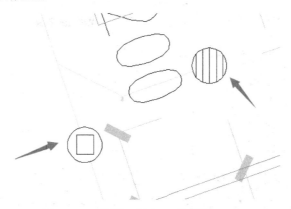

图 4.3-9　地漏、清扫口位置图

绘制立管时，左键单击未画立管的水平管道，右键单击绘制管道，调整偏移量应用。如图 4.3-10、图 4.3-11 所示。

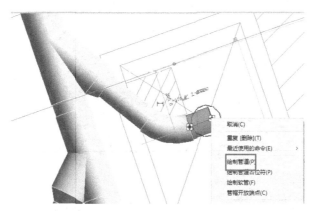

图 4.3-10　卫生间污水立管绘制过程图 1

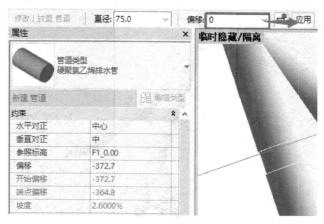

图 4.3-11 卫生间污水立管绘制过程图 2

立管在水平管中间，左键单击"管道"命令设置管径和材质，打开继承高程，如图 4.3-12 所示。左键单击管道中心再更改偏移量应用，如图 4.3-13、图 4.3-14 所示。

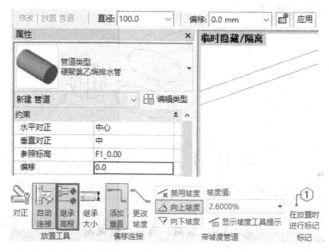

图 4.3-12 "继承高程"位置图

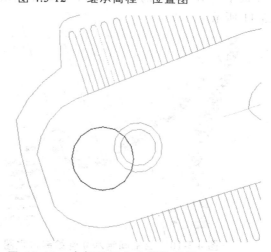

图 4.3-13 大便器污水立管位置图

图 4.3-14 大便器污水立管绘制过程图

此卫生间污水管道绘制完成如图 4.3-15 所示。

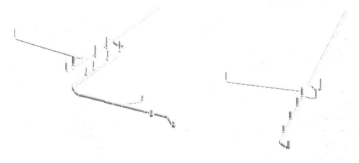

图 4.3-15 卫生间污水管绘制完成图

## 3. 管路附件

在"系统"选项卡下,"卫浴和管道"面板中,左键单击"管路附件"工具,软件自动弹出"放置管路附件"上下文选项卡。选择清扫口,放置于楼层平面,如图 4.3-16 所示。

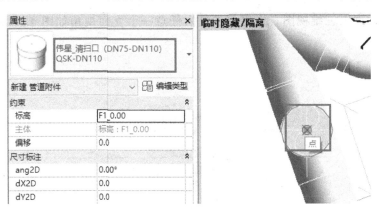

图 4.3-16 清扫口放置图

地漏也是同理放置,特别注意的是如图 4.3-17 所示,若地漏放置后颜色没有变化,说明地漏与管道系统没有连接上,需要左键单击地漏查看其属性中"出口直径"是否与绘制的立管相同,不同则修改为相同,如图 4.3-18 所示。

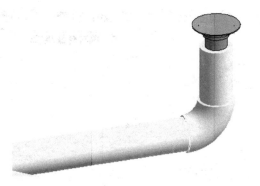

图 4.3-17　清扫口放置问题图

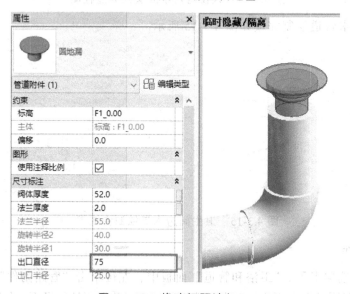

图 4.3-18　修改问题清扫口

修改之后，进入三维视图，左键单击进入任意一个立面视角如图 4.3-19。

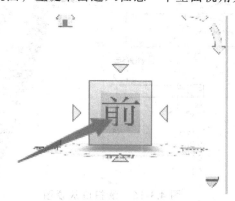

图 4.3-19　视图控制器

找到地漏所在位置，左键单击地漏，鼠标指针在图 4.3-20 位置左键按住，上下拖动此地漏，直到出现图 4.3-21 所示标志，松开鼠标左键则会发现地漏颜色已经与管道颜色一致。

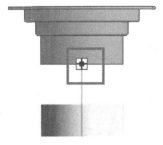

图 4.3-20　地漏绘制过程图 1

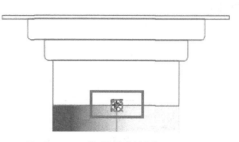

图 4.3-21　地漏绘制过程图 2

　　运用 Tab 键检查整个系统是否连接在一起：鼠标指针放置在管道上，多次按下 Tab 键，直到左下角出现"管道管网"后，如图 4.3-22 所示，左键单击鼠标左键，可看到是否将整个管网选中如图 4.3-23，若是有未选择的地方则表明未与管网连接上，需通过做修改进行连接。

图 4.3-22　"管道管网"位置图

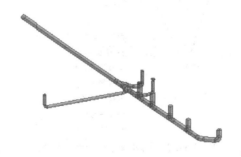

图 4.3-23　检查管道连接图

### 4.3.2　雨水系统和废水系统的绘制

　　雨水系统和废水系统支管较少，绘制相对简单。在绘制时候按照排水管的绘制方法进行绘制。管道采用重力流排水，水平管也要基于有坡度的情况进行绘制。

#### 1. 管道的绘制

　　以"YL-5"为例绘制雨水管，废水系统管道绘制参照雨水系统。如图 4.3-24 所示，起点偏移量-300 mm，坡度设置为 1%，运用前面所讲采用向下坡度绘制水平管后再绘制立管。

图 4.3-24　YL-5 立管位置图

对照系统图和平面图如图 4.3-25、图 4.3-26 所示,这根立管在同层有位置变化,用水平管做转移。

图 4.3-25  YL-5 系统图 1          图 4.3-26  雨水管道 CAD 平面图

左键单击刚绘制的管段,在如图 4.3-27 所示处右键单击选择绘制管道,设置管道偏移量为 2 800 mm 后点击应用,立管则自动生成完毕。

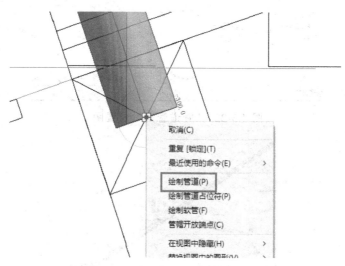

图 4.3-27  雨水管道绘制过程图 1

按照之前的方法,右键单击左键单击绘制完成的立管选择绘制管道。将向下坡度更改为向上坡度,绘制到转移立管处。再根据系统图确定立管偏移量,设置为 19 200 mm。根据系统图如图 4.3-28 所示,情况和之前的一样,需到"屋面(结构)_19.700"平面视图,链接 CAD 图纸绘制。

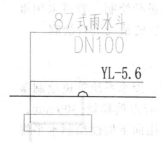

图 4.3-28  YL-5 系统图 2

链接 CAD 图纸后，调整视图范围，如图 4.3-29、图 4.3-30 所示，将绘制的立管显示出来。

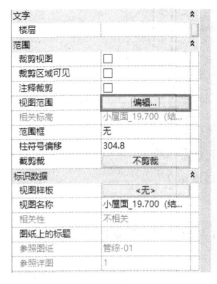

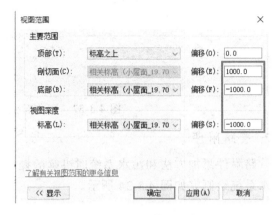

图 4.3-29  "视图范围"位置图          图 4.3-30  视图范围调整图

视图范围在绘制过程中会经常使用，需要理解每一个偏移量代表的意义。如图 4.3-31 所示，对每个偏移量进行了解释。

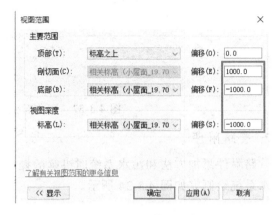

图 4.3-31  视图范围解释

显示立管后，绘制方法同之前管道绘制一样，左键单击绘制，再到如图 4.3-32 所示处，修改偏移量为 0 mm。

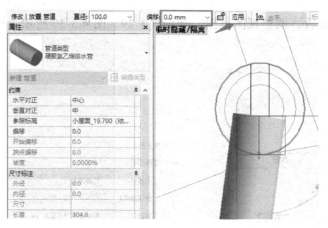

图 4.3-32　雨水管道绘制过程图 2

## 2. 管路附件

管路附件添加方法和污水系统时讲解的操作一致，绘制完成后如图 4.3-33 所示。全部雨水系统绘制完如图 4.3-34 所示。

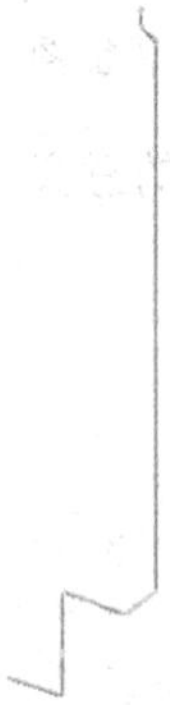

图 4.3-33　YL-5 绘制完成图　　　　　图 4.3-34　雨水系统绘制完成图

废水系统绘制方法和上述系统绘制方式相同。

提示：污水系统上设置有通气系统，通气系统的作用有：① 将建筑排水系统中散发的臭气排到大气中去；② 向排水立管补充空气，使水流通畅，减少排水立管内压力波动幅度，防止卫生器具水封破坏；③ 补充新鲜空气，减少污水及废气对管道的腐蚀。通气管由伸顶通气管、器具通气管、结合通气管、汇合通气管、专用通气立管、主通气立管、副通气立管等组成。

废水系统在绘制过程中若图纸没有要求坡度，则需自己设立。在"管理"选项卡下的"MEP 设置"里选择"机械设置"如图 4.3-35 所示。

图 4.3-35　"机械设置"位置图

打开后在界面里选择"坡度"后新建坡度，如图 4.3-36 所示。添加完坡度值，继续按照之前的绘制方法完成。

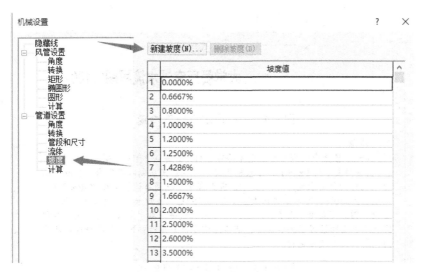

图 4.3-36 "新建坡度"界面

## 4.4 空调水系统的绘制

本案例空调水系统有冷冻水供水、冷冻水回水和冷凝水组成。绘制相对简单，但支管和变径较多。空调水系统绘制按照其他系统的绘制方法进行。特别注意：变径、偏移量和管路附件按照设计说明的图例放置。空调水系统属于暖通专业，但是绘制方法是与水管相同，故此安排在此处讲解。

### 4.4.1 空调水系统识图

第一步阅读设计说明，阅读的是暖通专业设计说明。首先需要确定冷源的位置、采用的形式（两管制和四管制）、管道材质以及保温厚度和材质。

如图 4.4-1，所示为本项目空调水系统管道材质和连接方式。

> 1.1.1管道材料及连接方式
>
> 空调水管： 管径DN≤50mm的管道采用焊接钢管，管径250mm>DN>50mm的管道采用无缝钢管，DN≥250mm采用焊接螺旋钢管；空调凝结水管采用热镀锌钢管。室外供暖管道采用预制保温直埋无缝钢管。除镀锌钢管螺纹连接外，其余采用焊接或者法兰连接。

图 4.4-1 空调水系统管道材质

如图 4.4-2、图 4.2-3 所示，空调水系统图中冷源来自负一层酒店制冷机房，与设计说明中保持一致。

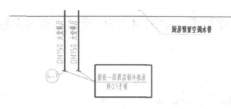

## 大堂餐厅空调水流程图1:100

图 4.4-2　空调水系统图冷源

### 6.1　冷源

　　1-4号楼集中空调冷源采用水冷冷水机组，采用2台变频螺杆式冷水机组（单台制冷量1 378 kW），冷水机组设于负一层酒店制冷机房内。制冷工况冷水机组的供回水温度为7/13 ℃，机组名义工况制冷性能系数COP为5.7，比限值提高6%；冷却水进出水温度为30/35 ℃。冷却水系统设计详给排水专业设计图。空调冷水泵变频运行，与冷水机组采用共用集管布置方式，其供回水总管之间设置压差旁通管，使冷源侧变流量运行；末端设备设电动调节阀，使系统变流量运行。

图 4.4-3　设计说明冷源描述

　　继续阅读系统图，如图 4.4-4 所示，图中"FCU"表示风机盘管，"AH-04-1F-1"表示空调机组，"OA-04-1F-1"表示新风机组。机组命名规则见图 4.4-5（其余部分机组命名规则见设计说明）。

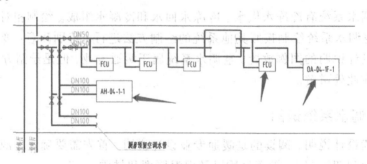

图 4.4-4　空调水系统图识图

系统编号：（其余子项系统（除正压送风系统））

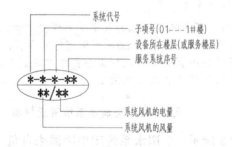

图 4.4-5　机组命名规则

　　提示：特别注意系统图中所表示的管径变化以及阀门的位置，在后面绘制过程中会提到。

## 4.4.2　链接 CAD 图纸

"插入"选项卡下"链接 CAD"选择"一层空调水平面图",如图 4.4-6 所示。

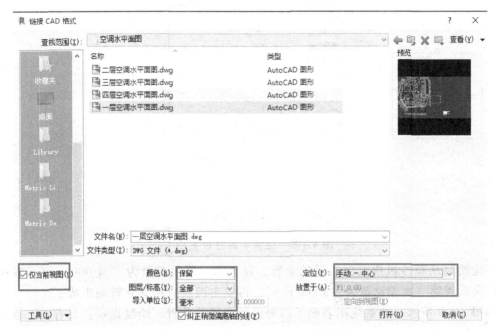

图 4.4-6　链接空调水 CAD 图界面

图中空调水管并排的管线较多,需要将 CAD 图纸由背景改为前景,以便于区分管线避免绘制错误。左键单击 CAD 图纸任意区域,选中后属性栏即出现选项选择,如图 4.4-7所示。

图 4.4-7　图纸前景设置位置图

由空调水系统图可见,冷冻水给水与冷冻水回水都是从负一层的酒店制冷机房而来的,绘制时预留。

## 4.4.3　空调水管的绘制

以冷冻水回水为例,介绍空调水系统的绘制方法。按照之前绘制水管的方法,根据图纸确定管径、管材为无缝钢管-焊接、系统类型为 CHR 空调冷冻水回水、偏移量为−1 000 mm 等,如图 4.4-8 所示。

图 4.4-8　空调水属性设置图

首先绘制从制冷机房上到一层的立管，设置第一次偏移量为"-1 000 mm"，左键单击之后再设置第二次偏移量为"3 800 mm"，再双击两次应用，立管则生成。

如图 4.4-9 所示，此系统图表明了需要进行变径的位置。绘制提示：只有在三通和四通的地方进行变径。

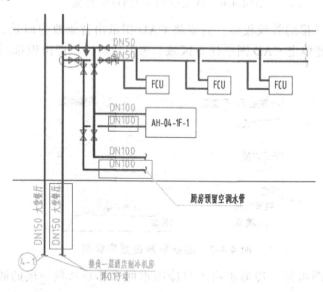

图 4.4-9　空调水系统图 1

椭圆位置的水平管的管径应是 DN150，在箭头指示处生成了三通后，管径则发生变化。

左键单击选中刚刚绘制的立管使用"创建类似"命令（快捷键 CS），不用再次设置管道的属性，只需改变其偏移量后移动至刚绘制完成的立管部分，当出现如图 4.4-10 所示的图案时，左键单击继续绘制水平管，会自动生成弯头。

提示："创建类似"命令会经常使用，记住快捷键 CS 会提高绘制效率。

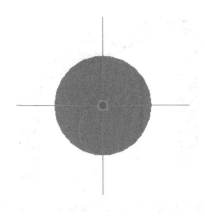

图 4.4-10　空调水管道绘制过程图 1

　　绘制到如图 4.4-11 所示区域时，需要生成一个三通。根据系统图 4.4-12 所示空调机组 "AH-04-1F-1" 下降了高度，故将偏移量设置为 "2 800 mm"。

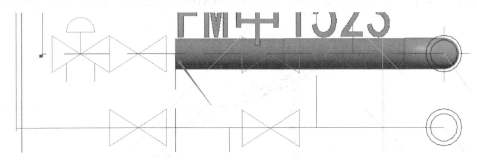

图 4.4-11　空调水管道绘制过程图 2

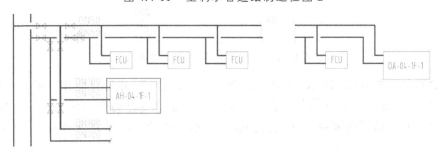

图 4.4-12　空调水系统图 3

　　左键单击刚绘制的水平管使用 "创建类似" 命令，出现图 4.4-13 所示标志时左键单击管道，将偏移量改为 "2 800 mm" 后点击应用，生成如图 4.4-14 所示的立管。

图 4.4-13　空调水管道绘制过程图 3

　　提示：绘制方法按照当时所处的状态选择。

图 4.4-14　空调水管道绘制过程图 4

可先生成一个三通，再去改管径。生成三通的方法与之前绘制其他系统相同，左键单击三通出现"+"时单击"+"，单击生成的三通，单击绘制管道选择管径为"DN50"的管道继续绘制，并且选择将图中立管修改管径为"DN100"绘制完成如图 4.4-15 所示。

图 4.4-15　空调水管道绘制过程图 5

继续绘制剩下的管道，提示：不要看错图纸标示的管径，并且只能在三通处进行变径。

如图 4.4-16 所示，方框内是一根立管标志，这根立管是通往新风机组的，这就必定会生成一个三通。椭圆内表示三通左右到管径是不一样的，绘制完成后如图 4.4-17 所示。

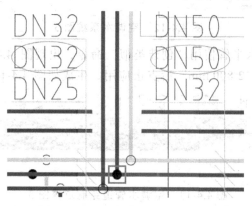

图 4.4-16　空调水系统平面图 1

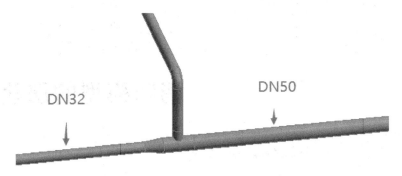

图 4.4-17　空调水变径绘制完成图

　　如图 4.4-18 所示,空调水系统在本层进行了立管位置的转移,其余楼层也有该情况出现。绘制时参照雨水立管转移的方法绘制,但不需要设置坡度。

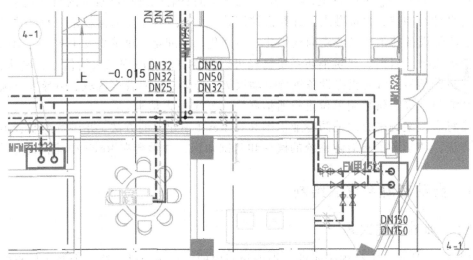

图 4.4-18　空调水系统立管位置

空调水系统绘制不复杂,只需特别注意管径的变化。

# 第 5 章

# 消防模型的创建

概述：消防系统是现代建筑设计中必不可少的一部分，现代化建筑消防系统，尤其是服务于高层建筑的建筑消防系统，是一个功能齐全的具有先进控制技术的自动化系统。消防系统的设计与制造，大量融入了计算机控制技术、电子技术、通信技术、网络技术等现代科技，消防设备的生产已经走向通用化、系列化、标准化。建筑物发生火灾，消防系统就是主要灭火者。目前，建筑消防系统已经可以实现自动监测现场火情信号、确认火灾、发出声光报警信号、启动相应设备进行自动灭火、排烟、封闭着火区域、引导人员疏散等功能，还能与上级消防控制单位进行通信联络，发出救灾请求。

本章将通过案例来介绍消防专业识图和在 Revit 中建模的方法，并讲解绘制管道及各系统的方法，使学者了解消防系统的概念和基础知识，并学会在 Revit 中建模的方法。

## 5.1 自动喷淋系统的绘制

### 5.1.1 喷淋系统识图

如图 5.1-1 所示，方框内表示的是报警阀间内的阀门等附件，第一个箭头所指的为喷头，第二个箭头所指的为废水管道。废水管道是为了将末端试水阀放出来的水排掉所设置的管道。（末端试水装置是安装在系统管网最不利点喷头处，检验系统启动、报警及联动等功能的装置。自动喷水灭火系统末端试水装置是喷洒系统的重要组成部分。）

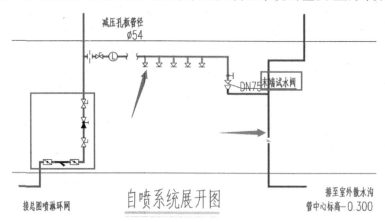

图 5.1-1　喷淋系统图识图

如图 5.1-2 所示，本案例所有喷淋的管道的表示颜色为玫红色，因本案例中所有的喷淋管道中介质由一根立管提供，没有进行分区设置。但在一些大型项目中，管道标识的颜色则会出现多种。

图 5.1-2　喷淋平面图识图 1

如图 5.1-3 所示，箭头所指标识为喷头，与喷头相连接的立管管径为 DN25。且喷淋系统的管径变化会有很多，绘制过程中应特别注意。

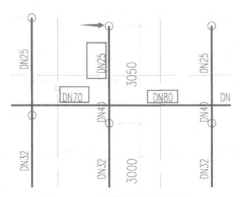

图 5.1-3　喷淋平面图识图 2

### 5.1.2 链接 CAD 图纸

"插入"选项卡下"链接 CAD"选择"一层给排水平面图",并将其与轴网位置对齐、锁定,如图 5.1-4 所示。

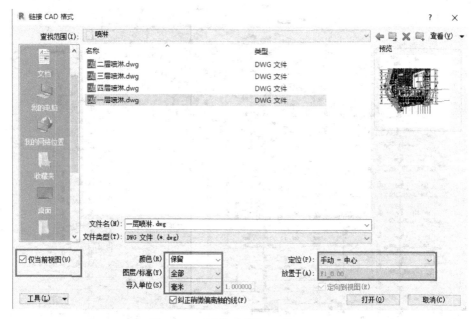

图 5.1-4 链接喷淋 CAD 图界面

### 5.1.3 喷淋管道的绘制

图 5.1-5 为整个喷淋系统的报警阀室,根据规范以及设计说明,本案例采用湿式报警阀并设置在报警阀间内。湿式报警阀应安装在喷淋系统总立管上,安装高度应按设计及标准要求。

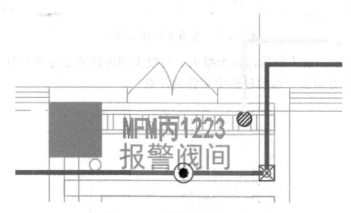

图 5.1-5 报警阀间位置图

如图 5.1-6 所示确定这两段水平管的标高,设置偏移量第一段为-400 mm,第二段为200 mm。

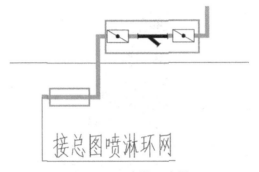

接总图喷淋环网

图 5.1-6　喷淋系统图

如图 5.1-7 所示，首先按照其他系统的绘制方法，选择管道系统为自动喷淋系统、管径为 150 mm、材质为热浸镀锌钢管和偏移量为-400 mm。

图 5.1-7　喷淋管道属性设置图

本案例定义的位置如图 5.1-8 所示，绘制完成这一段水平管段后，按照相同的绘制方法，左键单击管道鼠标放置在图示位置右键单击，选择绘制管道更改偏移量为 200mm 即会自动生成立管，如图 5.1-9、图 5.1-10 所示。

提示：此段管道在"一层给排水平面图"中。

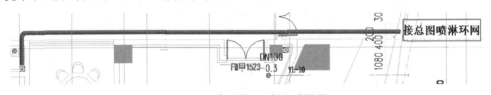

图 5.1-8　喷淋管道绘制过程图 1

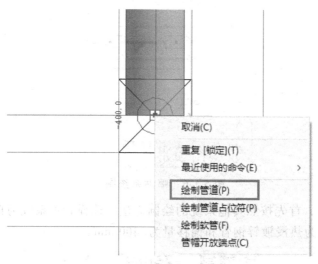

图 5.1-9　喷淋管道绘制过程图 2

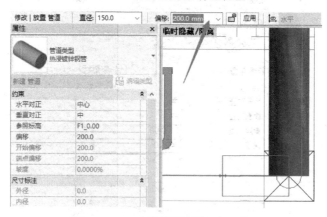

图 5.1-10　喷淋管道绘制过程图 3

提示：需要根据所处的软件状态选择最合适的绘制方法。

绘制下一立管，不用退出绘制命令修改偏移量，即会在此处生成立管，如图 5.1-11 所示。

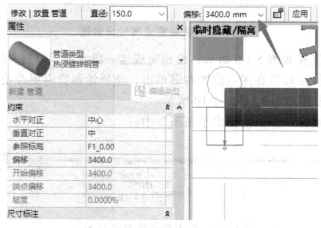

图 5.1-11　喷淋管道绘制过程图 4

继续使用前面的方法绘制水平管，将这段管绘制到图 5.1-12 所示位置，使其接入"ZPL-1"立管。

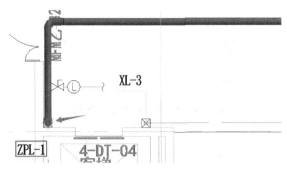

图 5.1-12　喷淋管道绘制过程图 5

这段绘制完后，再将"一层自喷平面图"链接到项目中，绘制一层的喷淋管道。同理，剩余楼层的喷淋系统绘制也按照此方法绘制。全部管道绘制完后如图 5.1-13 所示。

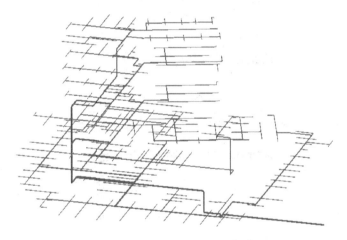

图 5.1-13　喷淋管道绘制完成图

### 5.1.4　喷头放置与连接，管路附件的放置

左键单击"卫浴和管道"面板中的"喷头"工具，选择"喷头-下喷 ELO-231-74℃"，偏移量设置为 3 100 mm，如图 5.1-14、图 5.1-15 所示。将喷头放置在管道的中心线上，喷头需要手动与管道连接，方法为：左键单击选择喷头，在激活的"修改｜喷头"面板下选择"连接到"，如图 5.1-16 所示，选择要与喷头连接的管道，喷头就会连接到相应的管道。连接完成之后如图 5.1-17 所示。

图 5.1-14　"喷头"位置图

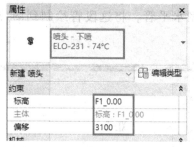

图 5.1-15　喷头属性设置图

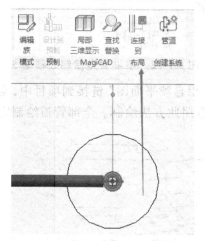

图 5.1-16　喷头"连接到"命令位置图

图 5.1-17　喷头连接完成图

需将管道和喷头进行对齐，否则使用"连接到"命令时是无法进行连接的，方法同给水管道对齐。

提示：如图 5.1-18 所示情况，应先使用"连接到"命令生成弯头，再按之前的办法生成三通后继续绘制，并注意管径的变化。

图 5.1-18　喷头绘制特殊情况

管路附件的放置，放置方法同上，水平管段上需要放置的管路附件则需到相应的平面进行放置，立管上管路附件需要到三维视图进行放置。左键单击该附件后可以调整其在立管上的偏移量，以此达到与系统图或规范相同。水平管段上左键单击该附件，使用键盘上的方向键调整其位置。

提示：喷淋系统的模块相同的情况下，可以绘制部分后通过"复制"命令完成全部模型。"末端试水阀"和喷头的绘制方法相同。

整个喷淋系统绘制完成后如图 5.1-19 所示。绘制难度不大，但工作量较多。

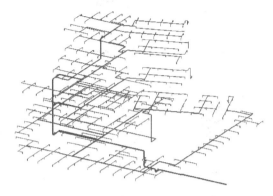

图 5.1-19　喷淋系统绘制完成图

提示：使用插件绘制进行识别，也需进行手动调整。

## 5.2　消火栓系统的绘制

### 5.2.1　消火栓系统识图

如图 5.2-1 所示，消火栓系统在本案例中为环网且其接入了总图的环网，这是为了确保安全，如果一条管道坏了，检修时不影响绝大部分设施的使用。

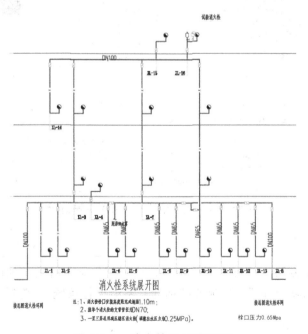

图 5.2-1　消火栓系统图识图

且需特别注意与消火栓链接的立管来源，有从吊顶内接下到本层的，也有从吊顶内接到上一层的，如图 5.2-2 所示。

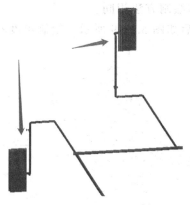

图 5.2-2　消火栓接管来源

## 5.2.2　链接 CAD 图纸

"插入"选项卡下"链接 CAD"选择"一层给排水平面图"，并将其与轴网位置对齐、锁定，如图 5.2-3 所示。

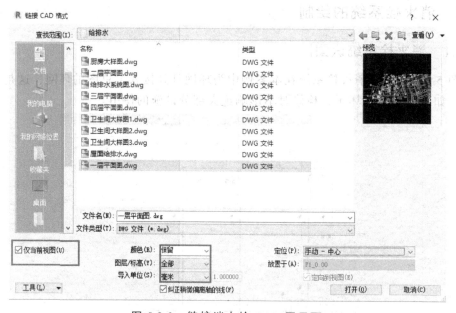

图 5.2-3　链接消火栓 CAD 图界面

## 5.2.3　绘制管道

消火栓管道绘制方法与给排水管道相似，绘制时先画主管道，如图 5.2-4 所示，管道类型选择"热镀锌钢管-卡箍"，系统类型选择"X 消火栓系统"，管径为 100 mm，偏移量为 3 200 mm。

图 5.2-4　消火栓管道属性设置图

　　提示：根据设计说明，DN≤50 采用螺纹连接，DN>50 采用沟槽连接（卡箍连接）。

　　在绘制与消火栓连接的支管时，无需绘制与消火栓连接的立管，水平管绘制到消火栓处，如图 5.2-5 所示，稍后连接消火栓时会自动生成立管。所有消火栓管道绘制完成后如图 5.2-6 所示。

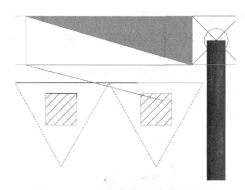

图 5.2-5　消火栓管道绘制过程图

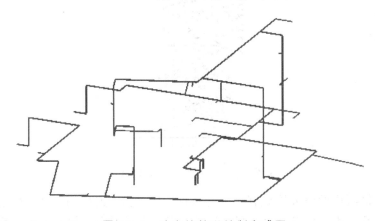

图 5.2-6　消火栓管道绘制完成图

### 5.2.4 绘制消火栓

在"系统"选项卡下,"卫浴和管道"面板中,左键单击"机械设备"工具,软件自动弹出"放置机械设备"上下文选项卡。根据CAD平面图上选择左接或者右接的消火栓。根据规范要求,消火栓的栓口高度应距地 1 100 mm(±20 mm),本案例中全部消火栓偏移量设置 330 mm,将栓口高度达到 1 100 mm。如图 5.2-7 所示。

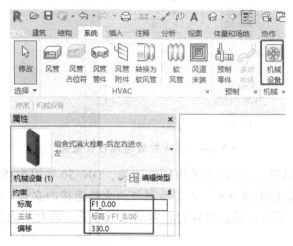

图 5.2-7 消火栓属性设置图

将消火栓连接到相应的管道上。连接消火栓的方法与连接喷头的相同,即左键单击消火栓,选择"连接到"命令将消火栓与管道连接。连接完之后如图 5.2-8 所示。

图 5.2-8 消火栓连接管道图

提示:本案例所用的消火栓族有三个连接件,在点击"连接到"命令后会让选择其中一个连接件,若没有达到预想的效果则尝试选择其他的连接件。如果消火栓距离管道的距离太近，会产生无法生成弯头的情况。如图5.2-9所示，先将消火栓移动到与管道一定的距离后，再使用"连接到"命令将消火栓与管道连接上，通过左键单击选中消火栓使用键盘上的方向键，将消火栓移动到CAD图中所表示的位置，直到右下角出现如图5.2-10所示提醒时，停止。

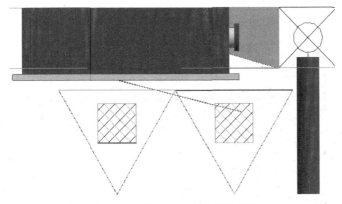

图 5.2-9　消火栓绘制过程图 1

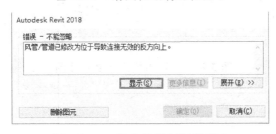

图 5.2-10　消火栓绘制过程图 2

### 5.2.5　消防管路附件

消火栓系统中有较多的阀件，放置时需细心不要漏掉。放置方法和其他系统的管路附件相同。将其与消火栓、管道进行连接，结果如图5.2-11所示。

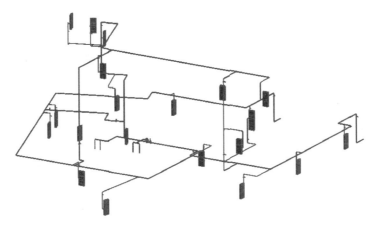

图 5.2-11　消火栓系统绘制完成图

绘制完成后，整个消防模型如图 5.2-12 所示。

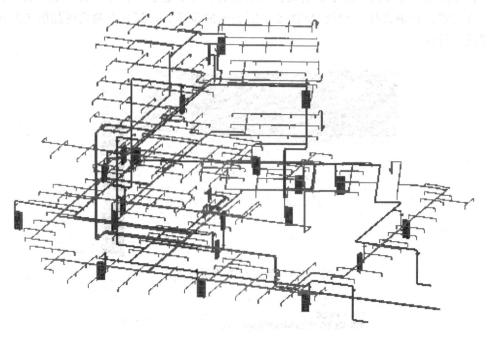

图 5.2-12　消防模型绘制完成图

# 第 6 章

# 暖通模型的绘制

本章将通过案例来介绍暖通专业识图和在 Revit 中建模的方法，使读者了解暖通系统的概念和基础知识，掌握一定的暖通专业知识，并学会在 Revit 中建立暖通模型。

本案例的暖通模型仅包含风系统，该风系统又主要分为送风系统、回风系统、新风系统。本节中将讲解风管的绘制方法。

## 6.1　暖通部分识图

以厨房排风和排油烟为例，如图 6.1-1 所示，设备的编号、气流方向、消声器、防火阀、软连接等都有表示。

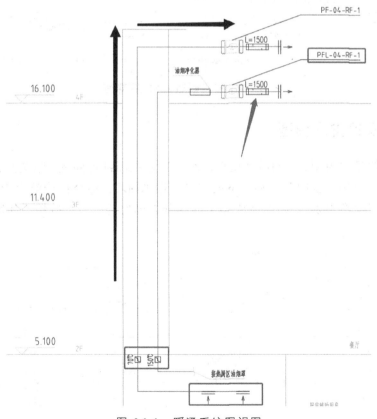

图 6.1-1　暖通系统图识图

如图：厨房排风和厨房排油烟上防火阀的温度预设值不一样，这是因为油烟温度会相对于空气来说更高，若采用 70 ℃ 防火阀则不能满足使用。

## 6.2　链接 CAD 图纸

在项目浏览器中双击进入"F1_0.000"平面视图，左键单击"插入"选项卡下"导入"面板中的"链接 CAD"，左键单击打开"链接 CAD 格式"对话框，从"分层图纸-暖通"中选择"一层通风、空调、防排烟平面图"DWG 文件，具体设置如图 6.2-1 所示。

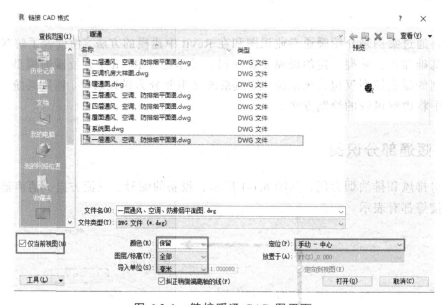

图 6.2-1　链接暖通 CAD 图界面

## 6.3　隐藏给排水模型

已完成了给排水模型，绘制暖通模型时会导致遮挡图纸等问题。隐藏给排水模型使界面看上去简洁。运用"视图"选项卡下的"可见性/图形"，命令快捷键为 VV，在弹出的对话框中选择"模型类别"，将与水管相关的部分去掉勾选，点击应用。如图 6.3-1 所示。

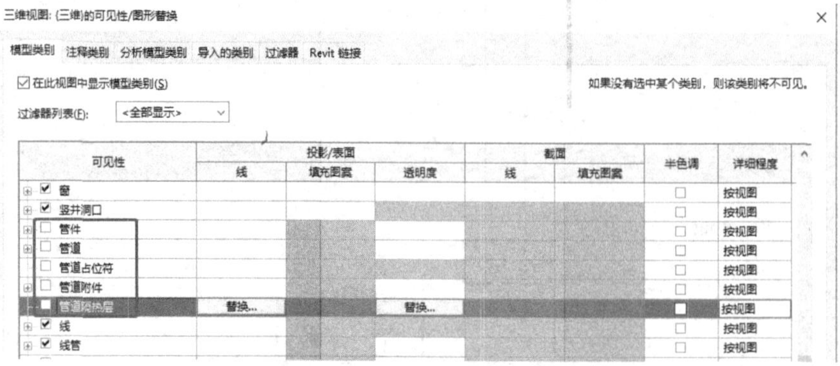

图 6.3-1　隐藏给排水模型

## 6.4 风管绘制

### 6.4.1 风管属性的认识

左键单击"系统"选项卡下,"HVAC"面板中"风管"工具(快捷键 DT),如图 6.4-1 所示。打开"绘制风管"上下文选项卡,如图 6.4-2 所示。

图 6.4-1 "风管"位置图

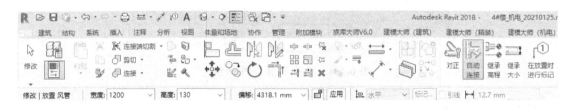

图 6.4-2 绘制风管选项卡

打开后可以看到风管的各项属性。与给排水模型绘制时所需要设置的相差不大,变化是设置的是矩形风管的高度和宽度尺寸或圆形风管的直径,如图 6.4-3、图 6.4-4 所示。

图 6.4-3 矩形风管属性认识

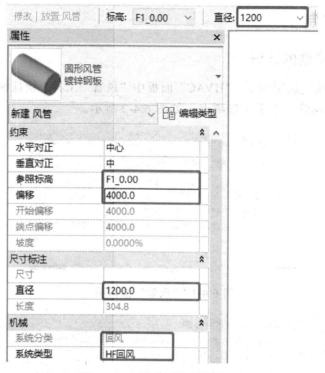

图 6.4-4　圆形风管属性认识

## 6.4.2　绘制风管

根据图 6.4-5 所示，图中设备名称为"PF-04-1F-2"，表明这一段风管为排风管。

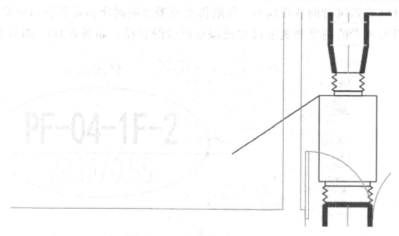

图 6.4-5　设备位置示意图

先将风管绘制完成后再添加此风机。左键单击"系统"选项卡下"HVAC"面板上的"风管"命令，风管类型选择"矩形风管-不锈钢板"，在选项栏中设置风管的尺寸和高度，如图 6.4-6 所示，宽度设为"500 mm"，高度设为"250 mm"，偏移量设为"3 500 mm"，系统类型选择"PF 排风"。其中偏移量表示风管中心线距离相对标高的高度偏移量。

图 6.4-6 排风管道属性设置图

设置完成后，绘制方法和给排水一致，根据中心线绘制。绘制到风机处停止后如图 6.4-7 所示，图中箭头所指的弯头没有符合图纸。左键单击选择这个弯头，在弹出的属性框中选择相应的管件，如图 6.4-8 所示。

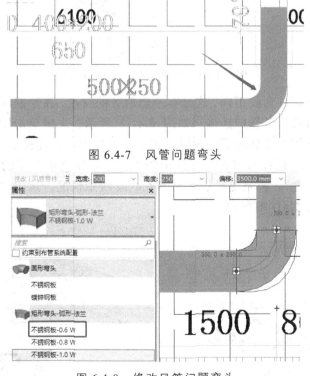

图 6.4-7 风管问题弯头

图 6.4-8 修改风管问题弯头

更换后如图 6.4-9 所示。

图 6.4-9　修改问题弯头后

提示：这是因为"布管系统配置"的问题，修改方法同水管。风管各尺寸采用的弯头形式可能各有不同，但其使用同一材质。不做修改，绘制过程中修改。

略过设备先绘制下一段管道，根据 CAD 图中尺寸修改高度、宽度。将宽度设置为 400 mm，高度设置为 500 mm，偏移量保持 3 500 mm 不变。沿中心线绘制，绘制过程中碰到如图 6.4-10 所示的偏心变径。

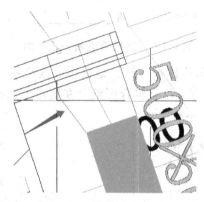

图 6.4-10　风管偏心变径位置图

此变径与直接进行的变径不同，这是有一边对齐的变径，在绘制时需先将变径后的管道绘制出来，再进行两段风管的连接。如图 6.4-11 所示，左键单击风管后，按住鼠标左键拖动图示框中的标识，直到与下一段风管相交或者使用插件连接。

连接后发现变径连接件与 CAD 图纸中的不符，运用之前介绍的方法更换为"变径管-矩形镀锌钢板-20 度"。若是更换后出现图 6.4-12 所示情况，运用"移动"命令或"对齐"命令将变径管与 CAD 图纸相符。

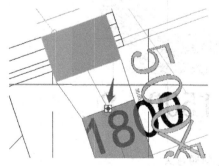

图 6.4-11　风管变径绘制过程图

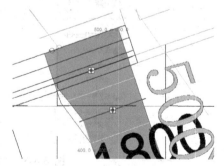

图 6.4-12　对齐风管变径管件

提示：若是拾取不到中心线，可以先绘制再使用"对齐"命令，将风管与 CAD 图纸对齐。

下一步添加风机设备，在"系统"选项卡下选择"机械设备"，找到与 CAD 标注上风机名称相同的设备，如图 6.4-13 所示，再将此设备的各项属性设置和图 6.4-14 中相同。此操作是为了设备的尺寸更符合 CAD 图纸所表示的尺寸。

图 6.4-13　设备选择图

图 6.4-14　设备属性设置图

在项目中根据 CAD 图纸表示，将风管和风机进行连接。首先左键单击风机，选择图 6.4-15 中标识，右键单击选择绘制管道。绘制时候要将管道多绘制出一段再与之前的风管相交出现图 6.4-16 所示标识后。这样做的原因是：为了让风机出来时预留一小段分管，以便于风管软接的放置。

另外一边也运用相同的方法绘制。

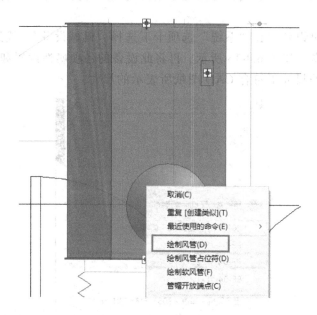

图 6.4-15　风机连接风管过程图 1

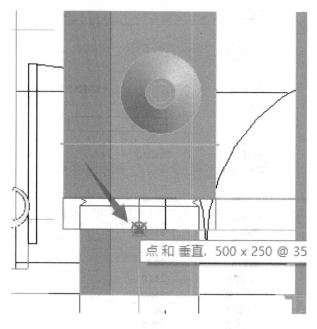

图 6.4-16　风机连接风管过程图 2

绘制完成后可能会出现如图 6.4-17 所示的变径管道，通过之前更换弯头的办法将其更换为"不锈钢板-60 度"，这样做在模型上更符合图纸。

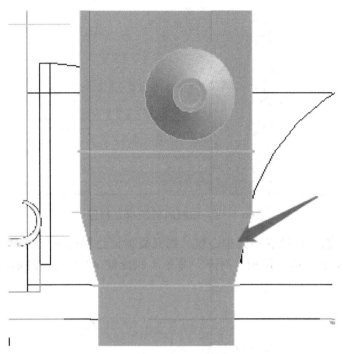

图 6.4-17　风机连接风管过程图 3

接着绘制图 6.4-18 所示管道。

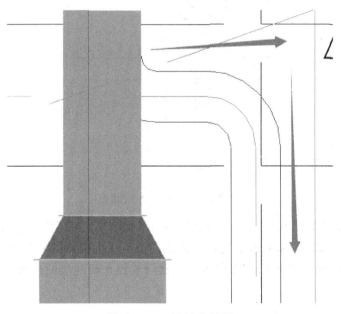

图 6.4-18　风管支管图

根据图示尺寸设置宽度、高度，偏移量保持 3 500 mm 不变。需要打开"自动连接"，保持在绘制时能自动生成三通。绘制方法：与绘制给排水管道一样，左键单击主风管的风管边或者中心，再左键单击下一点自动在这位置生成三通，如图 6.4-19 所示。

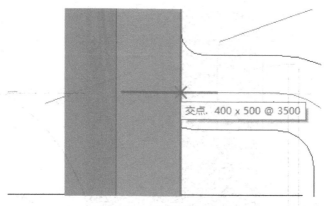

图 6.4-19　绘制风管支管过程图

　　沿着中心线绘制，若拾取不到中心线，则只需保证绘制的风管与 CAD 图纸上是平行的，如图 6.4-20 所示。接着运用"对齐"命令（快捷键 AL）先左键单击 CAD 线再左键单击风管边对齐。

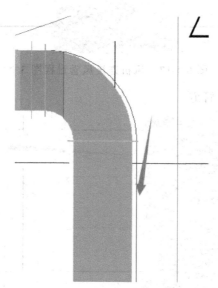

图 6.4-20　风管对齐问题图

　　绘制过程中碰到如图 6.4-21 所示的圆形风管，并且有一段向下的立管连接到换气扇。绘制方法是：在"系统"选项卡下找到"机械设备"从中选择"换气扇"，将换气扇的偏移值设置为 3 100 mm，如图 6.4-22 所示。设置后放置在相对应的位置。

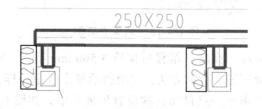

图 6.4-21　换气扇位置图

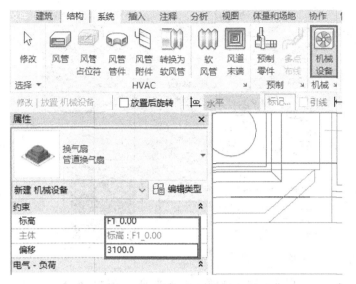

图 6.4-22　换气扇属性设置图

首先任意绘制一段圆形风管，更改其"布管系统配置"。更改内容如图 6.4-23 所示。这样做的目的是圆形风管与矩形风管进行连接。

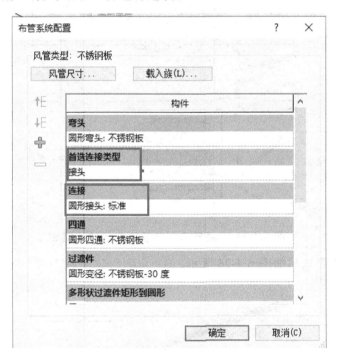

图 6.4-23　圆形风管"布管系统配置"

设置圆形风管的属性并打开自动连接，如图 6.4-24 所示。左键单击矩形风管边缘后光标移动至"换气扇"上出现如图 6.4-25 所示图形时。

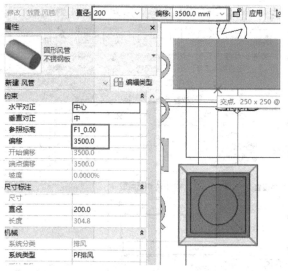

图 6.4-24 "换气扇"与管道连接过程图 1

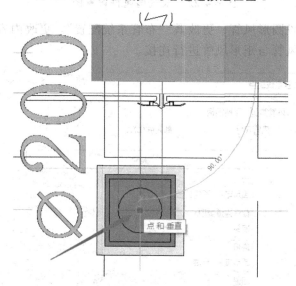

图 6.4-25 "换气扇"与管道连接过程图 2

风管管道绘制完成后如图 6.4-26 所示。

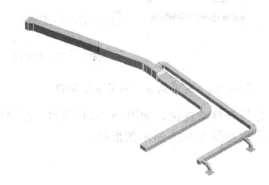

图 6.4-26 风管绘制完成图

### 6.4.3　管路附件及风口的放置

#### 1. 管路附件

在"系统"选项卡下选择"风管附件"，能看到本案例中所有的风管附件，首先在这先选择"软接标准"，不需要设置偏移量，它会自动与风管连接。选择后将其放置在风管中心，如图 6.4-27 所示。

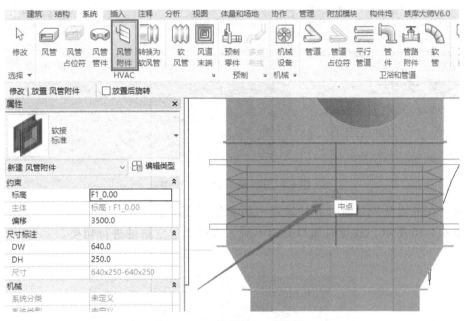

图 6.4-27　软接放置过程图 1

放置后，通过键盘上的方向键调整。方法为：左键单击选择布置的软接，将其调整到与风机靠近到不能调整为止，如图 6.4-28 所示弹出的对话框点击取消即表示调整到位。

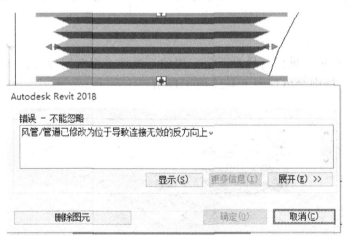

图 6.4-28　软接放置过程图 2

相同方法，调整之前在这生成的变径的位置与软接靠近。

其余管路附件的放置方法与之相同。

## 2. 风口的放置

在项目浏览器中鼠标左键单击进入楼层平面"F1_0.000",左键单击"系统"选项卡下"HVAC"面板上的"风道末端"命令,自动弹出"放置风道末端装置"上下文选项卡。根据 CAD 图纸上的图例查看所需的风口。在这选择"单层百叶风口-400*200"偏移量设置为 3 100 mm,注意不需要选择"风管末端安装到风管上",如图 6.4-29 所示。

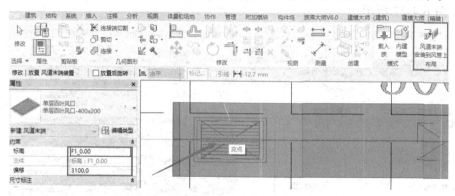

图 6.4-29　风口属性设置图

提示:在放置侧风口时打开"风管末端安装到管道上"。

如图 6.4-30 所示,放置时风口方向不对,可以通过空格键进行切换。

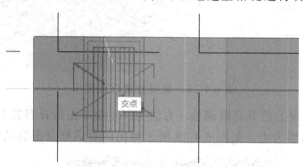

图 6.4-30　风口放置图

如图 6.4-31 所示,风口与风管连接采用的连接件占用空间较大,在风口高度要求距离风管更近时,连接则会出现图 6.4-32 所示提示。

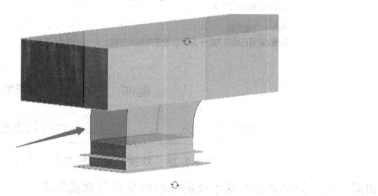

图 6.4-31　风口连接问题 1

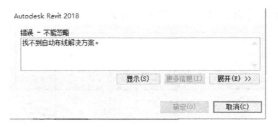

图 6.4-32　风口连接问题 2

采用更换"布管系统配置"中接头的形式解决。如图 6.4-33 所示，将红框部分更换到与图中一致。提示：仅在连接风口时采用此方法，在绘制风管时候需更换之前的状态。

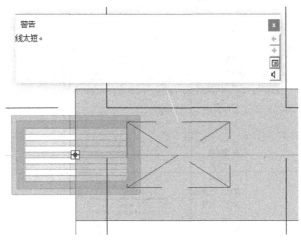

图 6.4-33　更换风口连接件

更换后进行布置出现如图 6.4-34 所示情况时，将风管延长后再布置风口。布置完成风口后，再使用对齐命令与 CAD 图纸对齐。

图 6.4-34　风口连接问题 3

若是布置的风口与风管并没有自动连接，可以去三维视图采用"连接到"命令，如图 6.4-35 所示。

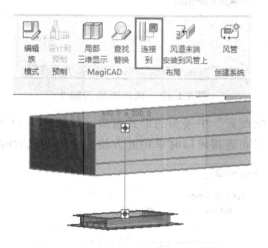

图 6.4-35 风口连接问题 4

如图 6.4-36 所示，发现更换连接件之后，其与管道相连的部分占用空间还是很大。解决办法为：此连接件是带有参数的，只需左键单击选中连接件更改其连接件尺寸，如图 6.4-37 所示。

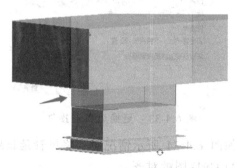

图 6.4-36 风口连接问题 5

| 约束 | | ⊗ |
|---|---|---|
| 标高 | F1_0.00 | |
| 主体 | 标高 : F1_0.00 | |
| 偏移 | 3375.0 | |
| 图形 | | ⊗ |
| 使用注释比例 | ☑ | |
| 尺寸标注 | | ⊗ |
| 风管宽度 2 | 400.0 | |
| 风管宽度 1 | 400.0 | |
| 输出口固定长度 | 101.6000 mm | |
| 长度乘数 | 0.250000 | |
| 风管高度 2 | 200.0 | |
| 风管高度 1 | 200.0 | |
| 输出口长度投影 | 6.0960 mm | |
| 输出口长度 | 10.0000 mm | |
| 尺寸 | 400x200-400x200 | |
| 机械 | | ⊗ |

图 6.4-37 修改连接件尺寸

提示：在风口要求距离风管更近时，方法一：需将风口先放置于较远的位置连接后，修改连接件尺寸后再将设置风口偏移量。方法二：修改连接件族文件的默认尺寸。

将所有管路附件及风口布置完成后，如图 6.4-38 所示。

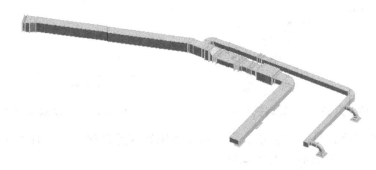

图 6.4-38　排风系统绘制完成图

## 6.4.4　风管保温层的绘制

在实际项目中，在走道狭窄的情况下，需考虑各类管道和桥架所占用的宽度，以空调送风的保温层为例绘制，在实际项目中不用绘制保温层，在做管线综合时考虑。

首先，将风管绝热层的透明度降低，否则保温层绘制后在三维视图或平面视图无法看见其本体。通过"视图"选项卡下的"可见性/图形"命令（快捷键 VV），打开界面后找到"风管隔热层"后，调整其透明度，将透明度调整至 50%，如图 6.4-39 所示。注意：不能将透明度调至过低，否则会看不清楚保温层。

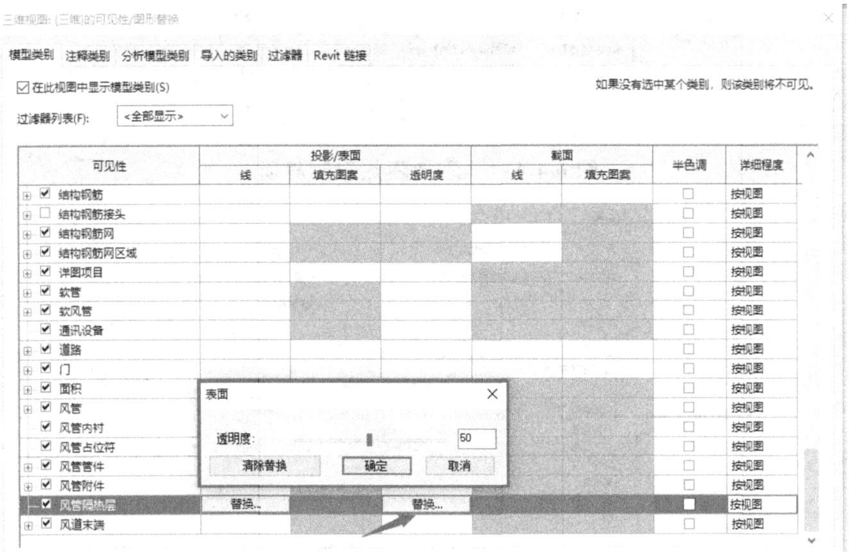

图 6.4-39　隔热层透明度

将鼠标箭头停留在管道上，使用键盘上的"Tab"键，切换到管道管网后左键单击鼠标且左键选中整个管网的管道，如图 6.4-40 所示。选中后，通过"过滤器"将除风管、风管管件、风管附件以外的去掉勾选，如图 6.4-41 所示。

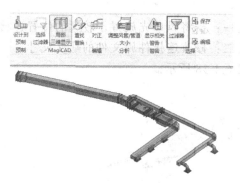

图 6.4-40　风管-管道管网选中图　　　　　图 6.4-41　绘制保温-过滤器

　　过滤掉的原因是，只需给管道、管道附件和风管管件做保温，并且 Revit 若是选中其余部分是没办法给管道添加上保温层的。

　　在"修改"选项卡下会自动出现"添加隔热层"如图 6.4-42 所示。

图 6.4-42　"添加隔热层"命令位置图

　　左键单击进入"添加隔热层"命令，如图 6.4-43 所示，会显示材质和厚度。材质根据设计说明所要求的进行创建，若是材质没有所需的，点击"编辑类型"进入"类型属性"，如图 6.4-44 所示。

图 6.4-43　"添加隔热层"界面

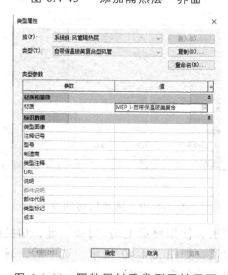

图 6.4-44　隔热层材质类型属性界面

进入后点击"复制"并对其命名，如图 6.4-45 所示。再根据设计说明的材质替换材质，点击材质后的"…"图形进入材质替换界面，如图 6.4-46 所示。

图 6.4-45　风管保温材料新建

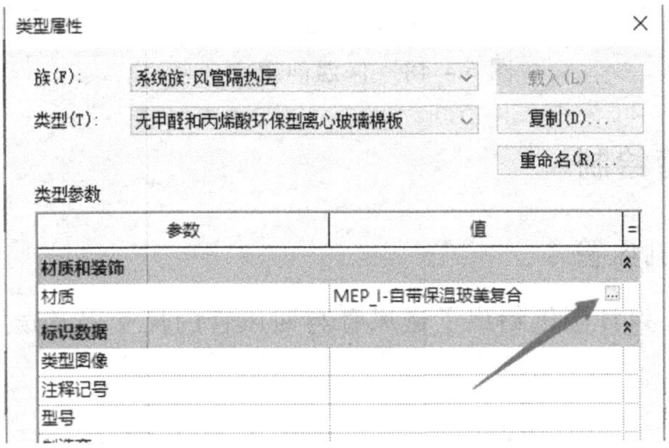

图 6.4-46　材质替换位置示意图

进入材质替换界面，点击图 6.4-47 所示图形，进行"复制选定的材质"或者"新建材质"，选择两个都可以，只需命名正确。

图 6.4-47　新建材质位置示意图

完成后回到"添加隔热层"界面，根据设计说明设置保温层的厚度，设置为 30 mm，创建完成如图 6.4-48 所示。

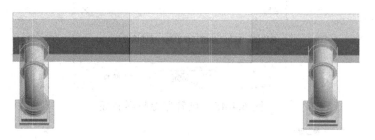

图 6.4-48　保温创建完成图

## 6.5　风机盘管绘制

### 6.5.1　放置风机盘管

如图 6.5-1 所示，设计图纸给出了送风管与回风管的尺寸以及送风口与回风口的尺寸和个数。

| 序号 | 设备名称 | 设备编号 | 送风口 | | 送风管尺寸 | 回风口（带过滤设备） | | 回风管尺寸 |
|---|---|---|---|---|---|---|---|---|
| | | | 铝合金双层百叶风口 | 单台数量（个） | (mm) | 门开铰链式百叶风口 | 单台数量（个） | |
| 1 | 风机盘管 | 03-3H | 400x160 | 1 | 600x130 | 500x200 | 1 | 600x190 |
| 2 | 风机盘管 | 04-3H | 500x160 | 1 | 700x130 | 600x200 | 1 | 700x190 |
| 3 | 风机盘管 | 05-3H | 500x200 | 1 | 750x130 | 700x200 | 1 | 750x190 |
| 4 | 风机盘管 | 06-3H | 600X200 | 1 | 850x130 | 800X200 | 1 | 850x190 |
| | | | 400x160 | 2 | 850x130 | 800X200 | 1 | 850x190 |
| 5 | 风机盘管 | 07-3H | 600x200 | 1 | 1000x130 | 900x200 | 1 | 1000x190 |
| | | | 400x160 | 2 | 1000x130 | 900X200 | 1 | 1000x190 |
| 6 | 风机盘管 | 08-3H | 800x200 | 1 | 1200x130 | 1000x200 | 1 | 1200x190 |
| | | | 400x200 | 2 | 1200x130 | 1000X200 | 1 | 1200x190 |
| 7 | 风机盘管 | 10-3H | 1000x200 | 1 | 1250x130 | 1200x250 | 1 | 1250x190 |
| | | | 500x200 | 2 | 1250x130 | 1200X250 | 1 | 1250x190 |

图 6.5-1　风机盘管风管、风口一览图

本图纸没有给出安装高度，只是说贴梁安装，如果是要准确的数值，需要打开结构图查找这一部分的梁高。根据结构图纸设置偏移量为"4 150 mm"。左键单击"系统"选项卡下"机械设备"选择图纸所示的风机盘管，如图 6.5-2 所示。左键单击图纸内的定位点放置。

图 6.5-2　风机盘管属性设置图

提示：特别注意风机盘管放置的正反。

## 6.5.2　绘制送风管与回风管

绘制送风管与回风管时，采取的是风管到风机盘管的连接，而不是单击风机盘管后右键绘制风管。这样做是因为如果从风机盘管引出送风管，Revit 软件会认为风机盘管与风管是一个系统的，从而导致另一端的回风管无法绘制。

先放置风机盘管，则需要对风管的偏移量进行确定。方法是：左键单击风机盘管，在标识处右键单击选择绘制风管，则在如图 6.5-3 所示的属性栏内得知偏移量。

识别这个偏移量，在风管界面进行设置，如图 6.5-4 所示。

图 6.5-3　风管偏移量

图 6.5-4　风机盘管风管属性设置图

左键单击图 6.5-5 所示位置，再左键单击图 6.5-6 所示位置。

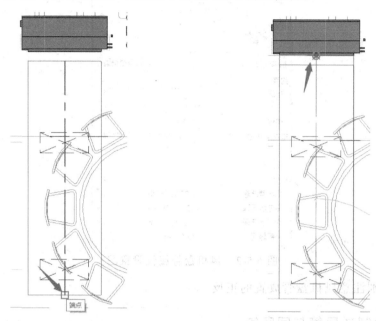

图 6.5-5　风机盘管风管绘制过程图 1　　　　图 6.5-6　风机盘管风管绘制过程图 2

另一端的回风管按照相同的操作方法。再为其加上风管软接，绘制完成如图 6.5-7 所示。

图 6.5-7　风机盘管风管绘制完成图

### 6.5.3　风口的绘制

绘制完成后如图 6.5-8 所示，相同的风机盘管之间可以使用复制命令。

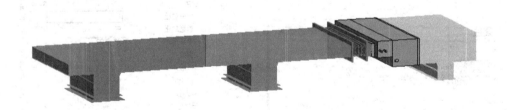

图 6.5-8　风机盘管绘制完成图

# 第 7 章

# 电气系统的绘制

概述：电气系统是现代建筑设计很重要的一部分，电气系统是以电能、电气设备和电气技术为手段来创造、维持与改善限定空间和环境的一门科学。本章将通过案例介绍电气专业识图和在 Revit 中建模的方法，使读者了解电气系统的概念和基础知识，并掌握一定的电气专业知识。

## 7.1 电气部分识图

### 7.1.1 竖向干线系统图

如图 7.1-1 所示，图中表示了配电箱的编号、所在楼层以及其电的来源。

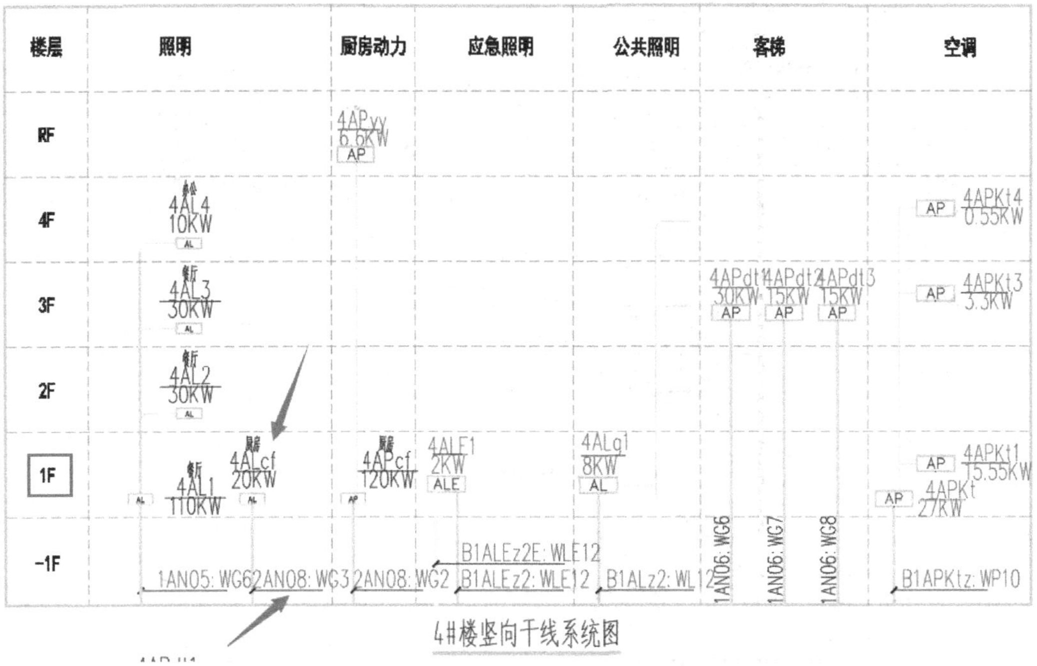

图 7.1-1 竖向干线系统图

以上图中箭头所指配电箱为例，在其所在楼层的平面图也有表示，如图 7.1-2 所示。

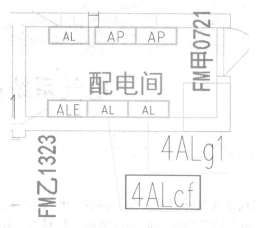

图 7.1-2　配电箱平面位置

### 7.1.2　配电箱系统图

如图 7.1-3 所示，可知线管的敷设方式以及线管的管材直径等以下参数。以配电箱第一条回路为例，最左侧"1AN05：WG6"表示此配电箱电源来源的回路；左上角红框部分为设计参数；左下角红框部分为配电箱尺寸以及安装高度；"W1"表示此回路的编号；"WDZ-YJY-1（5X16）"表示的是回路采用的电缆型号；"CT/SC50"表示电缆敷设方式：走桥架以及穿热浸镀锌钢管。

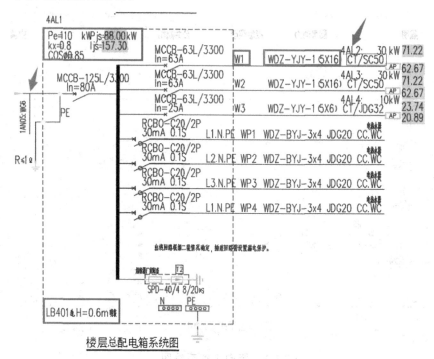

图 7.1-3　配电箱系统图

再到平面图中查看，如图 7.1-4 所示。其电缆走向为从一层配电间内上到桥架内，再通过桥架转移到桥架立管位置处，紧接着上到二层配电间接入"4AL2"配电箱。

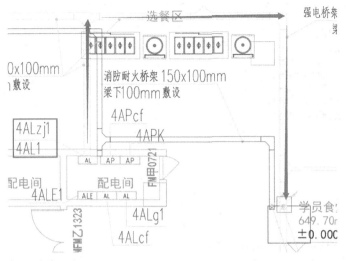

图 7.1-4　电缆走向图

本案例涉及的套管方式和敷设方式见图 7.1-5。

16）管线敷设字母代号说明：

a. 敷设套管说明：金属线槽（MR）；桥架（CT）；梯架（CL）；壁厚不小于 1.6mm 的紧定式（JDG）或扣接式（KBG）钢管；热镀锌钢管（SC）；阻燃 PVC 管（PC）；

b. 沿墙暗敷设(WC)；沿墙明敷设(WS)；埋地敷设(FC)；沿地面明敷设(FE)；顶板内暗敷设(CC)；沿吊顶暗敷设(SCE)；沿顶棚明敷设(CE)；在电缆沟内敷设(TC)；暗敷在梁内(BC)；暗敷设在柱内(CLC)。

图 7.1-5　管线敷设字母代号说明

提示：电缆与电线不同，截面积如果在 10 mm$^2$ 以上称之为电缆。电缆与电线实物区别如图 7.1-6 所示，左边为电缆，右边为电线。

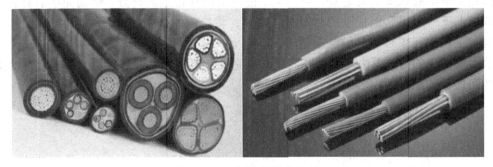

图 7.1-6　电缆电线实物图

## 7.2　强电系统的绘制

### 7.2.1　链接 CAD 图纸

在项目浏览器中双击进入"F1_0.000"平面视图，左键单击"插入"选项卡下"导入"面板中的"链接 CAD"，左键单击打开"链接 CAD 格式"对话框，从"电气-动力"中选择"一层动力平面图"DWG 文件，具体设置如图 7.2-1 所示。链接后对齐锁定图纸。

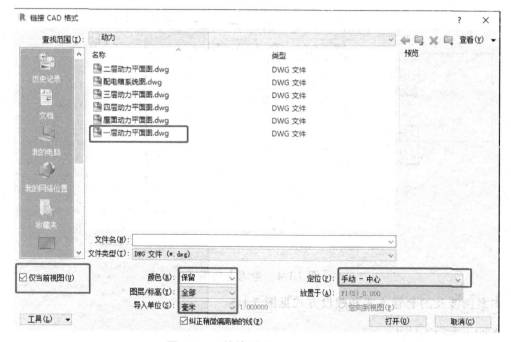

图 7.2-1　链接强电 CAD 图界面

## 7.2.2　绘制强电桥架

左键单击"系统"选项卡下"电气"面板上的"强电桥架"命令，从"带配件的电缆桥架"中选择类型"强电桥架"，在选项栏中设置桥架的尺寸和高度，如图 7.2-2 所示，宽度设为"200 mm"，高度设为"100 mm"，偏移量设为"3 800 mm"。其中偏移量表示桥架中心距离相对标高的高度偏移量。桥架的绘制与风管的绘制相同需要两次左键单击，第一次左键单击确认桥架的起点，第二次左键单击确认桥架的终点。绘制完毕后选择"修改"选项卡下"编辑"面板上的"对齐"命令，将绘制的桥架与底图中心位置对齐。

提示：在实际项目中只需绘制桥架，其余电气部分可不进行绘制。

绘制桥架支管时，方法与风管相同，设置完成桥架支管尺寸后绘制，系统会自动生成相应的配件，如图 7.2-3 所示。

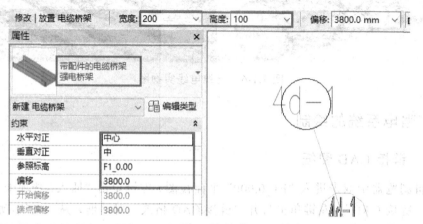

图 7.2-2　强电桥架属性设置图

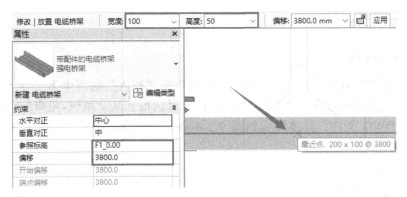

图 7.2-3　强电桥架三通绘制过程图

　　桥架的绘制较为简单，强电桥架绘制完成后如图 7.2-4 所示。同时消防耐火桥架也在同一张图纸上，按照之前的方法绘制。

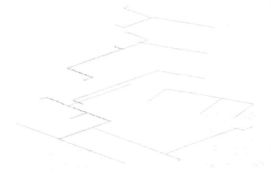

图 7.2-4　强电桥架绘制完成图

## 7.2.3　添加配电箱

　　本案例中的配电箱大多都是非标准设备，需要与厂家对接定制。在绘制模型的时候无法确定配电箱的尺寸，只需选择相应名称的配电箱，如图 7.2-5 所示，左键单击"系统"选项卡下"电气"面板上的"电气设备"命令，选择相应的类型，根据系统图下说明的安装高度设置标高后，放置。

图 7.2-5　配电箱属性设置图

### 7.2.4　照明系统的绘制

**1. 链接 CAD 图纸**

在项目浏览器中双击进入"F1_0.00"，左键单击"插入"选项卡下"导入"面板中的"链接 CAD"，左键单击打开"链接 CAD 格式"对话框，从"电气-照明"中选择"一层照明平面图"DWG 文件，具体设置如图 7.2-6 所示。链接之后将"一层照明平面图"与轴网对齐锁定。

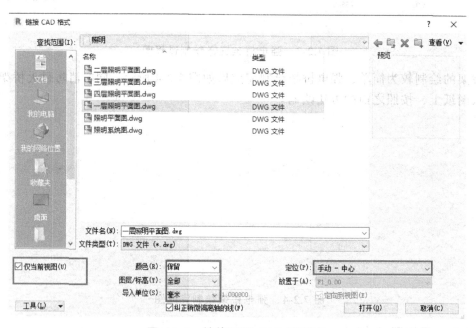

图 7.2-6　链接照明 CAD 图界面

打开视图 F1_0.00 的可见性设置对话框，在"导入的类别"面板下取消勾选"一层强电平面图"，如图 7.2-7 所示。

图 7.2-7　可见性-隐藏 CAD 平面图

提示：可将不需要的 CAD 图纸选择删除，避免文件过大，造成软件打不开的问题。

**2. 放置灯具**

左键单击"系统"选项卡下"电气"面板上的"照明设备"命令，选择"应急吸顶灯"，偏移量设置为 3 100 mm，如图 7.2-8 所示。在绘图区域按照 CAD 所示应急吸顶灯位置左键单击放置。

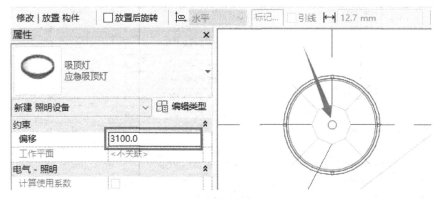

图 7.2-8　应急吸顶灯放置图

提示：放置时需要选择放置在面上或者放置在工作平面上，未选择放置在工作平面上可能会放置不了，如图 7.2-9 所示。

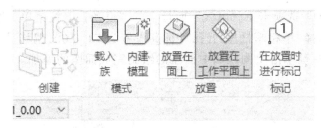

图 7.2-9　"放置在工作平面"位置图

应急照明灯的添加方法与上述方法相同，在照明设备中选择"应急照明灯"，偏移量设置为 2 400 mm，如图 7.2-10 所示，在绘图区域点击放置。

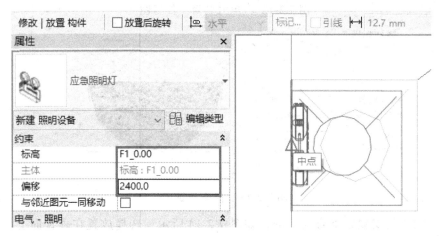

图 7.2-10　应急照明灯放置图

其余灯具的放置方法与上述方法相同。

提示：根据图例查看灯具的安装高度，如图 7.2-11 所示。且本照明平面图内只有应急照明灯部分，普通照明因装修图纸并未完善没有给出。本案例中的吸顶安装高度均为自定的，具体需要装修图纸后进行调整。

| 30 | 灯 | A型应急照明疏散灯 | DC36V 5W LED灯 4000K,500lm | 套 | | 壁挂安装 |
|---|---|---|---|---|---|---|
| 31 | 灯 | A型疏散照明灯 | DC36V 5W LED灯 4000K,500lm | 套 | | H=2.4m 吸顶 |
| 32 | 灯 | A型疏散指示灯 | DC36V 1W LED灯 4000K,100lm | 套 | | H=0.2m 壁装 |
| 33 | 灯 | A型疏散出口指示灯 | DC36V 1W LED灯 4000K,100lm | 套 | | H=0.2m 壁装 |
| 34 | 灯 | A型安全出口指示灯 | DC36V 1W LED灯 4000K,100lm | 套 | | H=0.2m 壁装 |
| 35 | 灯 | A型单向疏散指示灯 | DC36V 1W LED灯 4000K,100lm | 套 | | H=0.5m 壁装 |
| 36 | 灯 | A型双向疏散指示灯 | DC36V 1W LED灯 4000K,100lm | 套 | | H=0.5m 壁装 |
| 37 | 灯 | A型单向疏散指示灯 | DC36V 1W LED灯 4000K,100lm | 套 | | H=2.4m 吸顶 |
| 38 | 灯 | A型双向疏散指示灯 | DC36V 1W LED灯 4000K,100lm | 套 | | H=2.4m 吸顶 |
| 39 | 灯 | A型多信息复合标志灯 | DC36V 1W LED灯 4000K,100lm | 套 | | H=2.4m 吸顶 |
| 40 | 灯 | A型顶装方向标志灯 | DC36V 1W LED灯 4000K,100lm | 套 | | H=2.4m 吸顶 |
| 41 | 灯 | A型壁装方向标志灯示 | DC36V 1W LED灯 4000K,100lm | 套 | | H=2.4m 吸顶 |

图 7.2-11　灯具安装高度一览图

### 3. 放置开关插座

左键单击"系统"选项卡下"电气"面板上的"设备"下拉菜单，选择"电气装置"，如图 7.2-12 所示。选择"单相暗插座-五孔"，标高设置为 F1_0.00，偏移量设置为 1 300 mm，如图 7.2-13 所示，左键单击绘图区域中插座的绘制完成插座的添加。

图 7.2-12　"电气装置"位置图

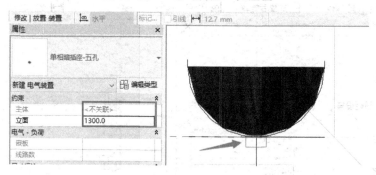

图 7.2-13　插座放置图

提示：插座是安置在垂直面上的，如图 7.2-14 所示，选择放置在垂直面上。

图 7.2-14　"放置在垂直面上"位置图

若是放置时出现无法放置，是因为这里没有平面能进行拾取，处理办法是通过参照面命令（快捷键 RP）在这里绘制一个平面被拾取。

与单管荧光灯相连的是暗装单极开关，任意在"项目浏览器"中左键单击选中后，再右键单击出现"搜索"如图 7.2-15 所示。左键单击进入搜索，在对话框中输入"暗装单极开关"后点击"下一个"如图 7.2-16 所示。其会自动在"项目浏览器"中定位到搜索的构件，将构件按住鼠标左键拖动至视图内创建实例。拖动至视图内后，将其偏移设置后再放置，如图 7.2-17 所示。

图 7.2-15 项目浏览器搜索过程图 1

图 7.2-16 项目浏览器搜索过程图 2

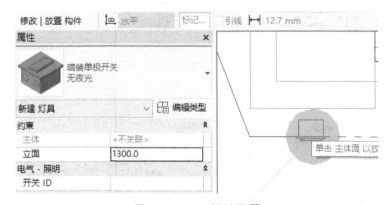

图 7.2-17 开关放置图

提示：遇到没有平面进行拾取放置的情况，处理方法与之前讲解的相同。

## 4. 放置疏散指示灯

左键单击"系统"选项卡下"电气"面板上的"照明设备"。选择"应急疏散指示标志灯壁挂式-左"，标高设置为 F1_0.00，偏移量设置为 500 mm，左键单击绘制完成疏散指示灯的添加，如图 7.2-18 所示。

图 7.2-18　应急疏散指示灯放置图

提示：靠墙安装的疏散指示灯偏移量为 500 mm，其余安装高度需后期确定。

## 7.3　弱电系统的绘制

### 7.3.1　链接 CAD 图纸

在项目浏览器中双击进入"F1_0.000"平面视图，左键单击"插入"选项卡下"导入"面板中的"链接 CAD"，左键单击打开"链接 CAD 格式"对话框，从"电气-弱电"中选择"一层弱电平面图"DWG 文件，具体设置如图 7.3-1 所示。

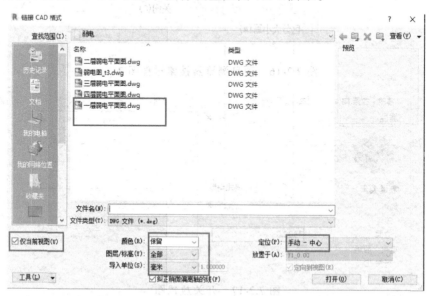

图 7.3-1　链接弱电 CAD 图界面

### 7.3.2　绘制弱电桥架

此本案例弱电系统中，主要有插座、摄像机、弱电桥架等，首先绘制弱电桥架。弱电桥架的绘制方法与强电桥架相同，按图 7.3-2 所示进行设置，在绘图区域按照 CAD 图纸要求完成弱电桥架的绘制。

图 7.3-2　弱电桥架属性设置图

### 7.3.3　添加摄像机

继续添加摄像机。左键单击"系统"选项卡下"电气"面板上的"设备"下拉菜单，选择"安全"，如图 7.3-3 所示。选择"摄像头-基于面半球形"，偏移量设置为 3 300 mm，如图 7.3-4 所示，左键单击绘图区域中摄像机完成摄像机的添加。

图 7.3-3　"安全"位置图

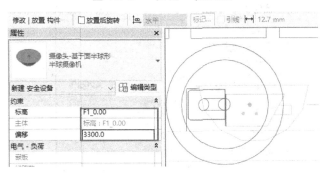

图 7.3-4　摄像头放置图

提示：放置时可通过空格键调整放置方向。本案例中有两种摄像机，注意识别图例，安装高度为吸顶安装。

### 7.3.4 添加吸顶喇叭

接下来按着图例添加吸顶喇叭，左键单击"系统"选项卡下"构件"下的"放置构件"，选择"吸顶喇叭"设置偏移量为 3 300 mm，左键单击绘图区域中的喇叭图例完成吸顶喇叭的添加。如图 7.3-5、图 7.3-6 所示。

图 7.3-5 "放置构件"位置图

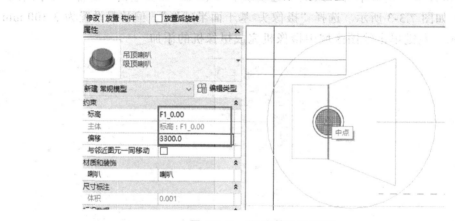

图 7.3-6 吊顶喇叭放置图

### 7.3.5 放置各类弱电插座

根据图例放置插座，以"电视插座"为例演示。运用项目浏览器搜索需要的插座拖动到视图界面放置。拖动至视图内后，将其偏移设置完成再放置，如图 7.3-7 所示。

图 7.3-7 电视插座属性设置图

如图 7.3-8 所示，放置时可能会出现无法放置想要的方向或者无法放置的情况。使用参照平面功能（快捷键：RP）。

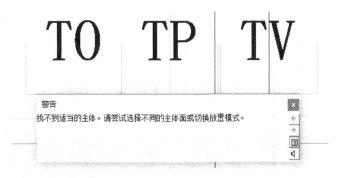

图 7.3-8　电视插座放置问题

再将设置完成偏移的插座，放置于这个平面上。位置可以通过移动命令（快捷键：MV）进行调整。这一插座绘制完成后如图 7.3-9 所示。提示：空格键可以切换放置方向。

图 7.3-9　电视插座放置图

其余不同的插座也按照上述方法放置，注意根据图例设置偏移量。

提示：绘制完成一插座后可以通过复制命令（快捷键 CO）快速将其布置到所需位置。

## 7.4　线管的绘制

### 7.4.1　链接 CAD 图纸

以动力平面图做示范。在项目浏览器中双击进入"F1_0.000"平面视图，左键单击"插入"选项卡下"导入"面板中的"链接 CAD"，左键单击打开"链接 CAD 格式"对话框，从"电气-动力"中选择"一层动力平面图"DWG 文件。

配电箱识图结合平面图如图 7.4-1 所示，电线从配电箱出来上到桥架内到位置后通过线管到空调插座。

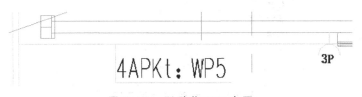

图 7.4-1　回路位置示意图

再根据配电箱系统图,如图 7.4-2 所示。WP5 回路 JDG20 的线管,敷设方式为 CC.WC（暗敷在顶棚内、暗敷在墙内）。

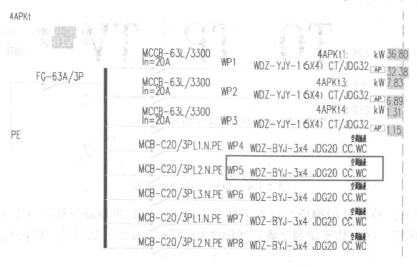

图 7.4-2　回路配管示意图

### 7.4.2　绘制线管

左键单击"系统"选项卡下"电气"面板上的"线管",如图 7.4-3 所示。

图 7.4-3　"线管"位置图

选择 JDG 线管,将偏移量设置与强电桥架一致为 3 800 mm,如图 7.4-4 所示。设置后进行绘制水平段,绘制方法同之前给排水管的绘制,绘制后如图 7.4-5 所示。

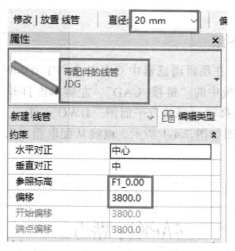

图 7.4-4　线管属性设置图

图 7.4-5　线管绘制过程图

　　绘制完成后需绘制立管，空调插座的安装高度为 2.3 m，将偏移量设置为 2 300 mm。绘制方法也与给排水的立管绘制方法相同。绘制完成后如图 7.4-6 所示。

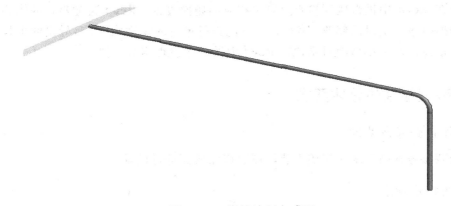

图 7.4-6　线管绘制完成图

第 8 章

# 碰撞检查

概述：Revit 模型可视化的特点使得各专业构件之间的碰撞检查具有可行性。本章主要介绍如何在 Revit 中进行碰撞检查及导出相应的碰撞报告。Revit 碰撞检查的优势在于其可以对碰撞点进行实时的修改，劣势在于只能进行单一的硬碰撞，而且导出的报告没有相应的图片信息。对于小型项目来说在 Revit 中做碰撞检查相对方便。

## 8.1 碰撞检查的总体要求

### 1. 碰撞检查标高基准

机电安装参考标高，统一按照安装区域装修完成面进行设置。

### 2. 管线标注标准

风管、水管、电缆桥架、母线、线槽、线管等各专业管线均标注管底标高，风、水管标高不含保温层厚度。

### 3. 各专业工作必须符合现行国家规范的要求

在各专业、各系统图纸的基础上统一安排，协调管线布置，各专业依照协调的结论调整变更管线布置。最终管线图应与各设备专业和系统的图纸设计管线布置一致。

### 4. 管线布置

管线布置应根据其用途、性能等合理安排，避免产生相互干扰、污染等不良影响，同时考虑建筑的使用和美观。管线的布置必须保证其安全性，并考虑施工和维护方便。

### 5. 保证净空高度

根据设计文件及验收规范要求，根据不同位置的不同净空高度要求进行调整。

### 6. 保证检修空间

管线综合必须考虑设备及管道等检修空间的要求。

### 7. 保证现场施工工艺

结合现场施工工艺，对管道的布置方式根据施工方式进行针对性调整。

## 8.2 碰撞检测的操作步骤

### 8.2.1 链接 Revit 文件

左键单击"插入"选项卡下"链接"面板上的"链接 Revit"命令,如图 8.2-1 所示。选择"4#楼-建筑",定位设置为"原点到原点",如图 8.2-2 所示。

图 8.2-1 "链接 Revit"位置图

图 8.2-2 链接模型界面

按照相同的方法将"4#楼-结构"链接进来,三维视图如图 8.2-3 所示。

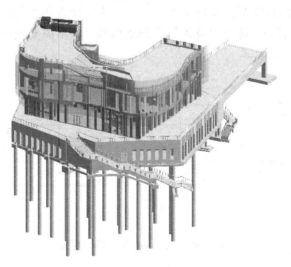

图 8.2-3 整体模型三维图

### 8.2.2　运行 Revit 碰撞

左键单击"协作"选项卡下"坐标"面板上的"碰撞检查"命令，选择运行碰撞检查，如图 8.2-4 所示。

图 8.2-4　"碰撞检查"位置图

在弹出的碰撞检查对话框中有两部分内容，如图 8.2-5 所示。左右两边的"类别项目"用来选择运行碰撞检查的对象。左键单击下拉菜单有当前项目和链接的模型，运行碰撞检查时只能当前项目与当前项目或当前项目与其中的链接模型进行，链接模型与链接模型之间不能运行碰撞检查。

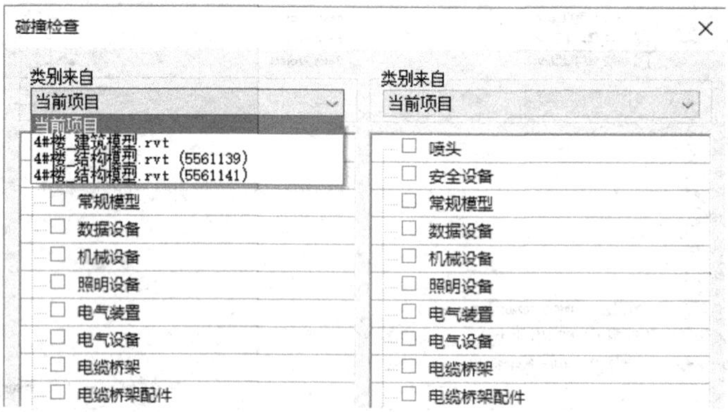

图 8.2-5　碰撞检查对话框

继续以机电模型为例具体介绍 Revit 碰撞。将界面切换到三维视图，打开视图可见性设置，将链接的 4#建筑-模型，如图 8.2-6 所示。首先检查各类管线与结构的碰撞，其次检查的碰撞为给排水管道、桥架以及风管之间的碰撞，将不需要的照明设备等也取消勾选进行隐藏，如图 8.2-7 所示。

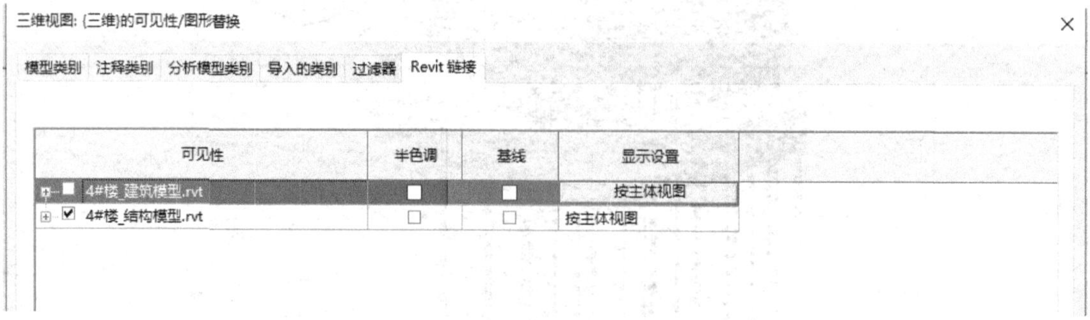

图 8.2-6　可见性-隐藏建筑模型

三维视图: (三维)的可见性/图形替换     ✕

模型类别　注释类别　分析模型类别　导入的类别　过滤器　Revit 链接

☑ 在此视图中显示模型类别(S)         如果没有选中某个类别，则该类别将不可见。

过滤器列表(F):    <全部显示> ▾

| 可见性 | 投影/表面 | | | 截面 | | 半色调 | 详细程度 |
|---|---|---|---|---|---|---|---|
| | 线 | 填充图案 | 透明度 | 线 | 填充图案 | | |
| ☐⊞ ☑ 家具系统 | | | | | | ☐ | 按视图 |
| ⊞ ☑ 导线 | | | | | | ☐ | 按视图 |
| ⊞ ☑ 屋顶 | | | | | | ☐ | 按视图 |
| ⊞ ☑ 常规模型 | | | | | | ☐ | 按视图 |
| ⊞ ☑ 幕墙嵌板 | | | | | | ☐ | 按视图 |
| ⊞ ☑ 幕墙竖梃 | | | | | | ☐ | 按视图 |
| ⊞ ☑ 幕墙系统 | | | | | | ☐ | 按视图 |
| ☑ 护理呼叫设备 | | | | | | ☐ | 按视图 |
| ⊞ ☐ 数据设备 | | | | | | ☐ | 按视图 |
| ⊞ ☑ 机械设备 | | | | | | ☐ | 按视图 |
| ⊞ ☑ 柱 | | | | | | ☐ | 按视图 |
| ⊞ ☑ 栏杆扶手 | | | | | | ☐ | 按视图 |
| ⊞ ☑ 植物 | | | | | | ☐ | 按视图 |
| ⊞ ☑ 楼板 | | | | | | ☐ | 按视图 |
| ⊞ ☑ 楼梯 | | | | | | ☐ | 按视图 |
| ⊞ ☑ 橱柜 | | | | | | ☐ | 按视图 |
| ☑ 火警设备 | | | | | | ☐ | 按视图 |
| ☐ 灯具 | | | | | | ☐ | 按视图 |
| ☐ 照明设备 | | | | | | ☐ | 按视图 |

图 8.2-7　可见性-隐藏不需要构件

将之前可见性关闭的风管和给排水管道重新勾选,设置完成的三维图如图 8.2-8 所示。

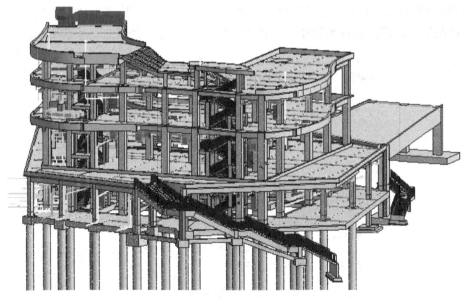

图 8.2-8　可见性调整后三维图

运行碰撞检查,以桥架与结构的碰撞为例讲解如何进行碰撞检查设置。如图 8.2-9 所示,在碰撞检查对话框中左边选择"当前项目",右边选择"4#楼-结构模型"并勾选图中所示的选项,左键单击确定,系统开始运行碰撞检查。

图 8.2-9  碰撞检查设置图

运行碰撞检查之后系统会自动弹出冲突报告的对话框，如图 8.2-10 所示。最上方的成组条件控制的是碰撞点的排列顺序，图中显示的是"类别 1，类别 2"，不影响后续的导出。

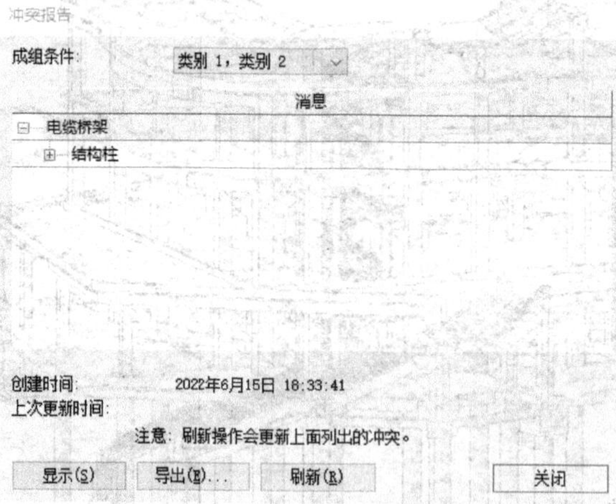

图 8.2-10  类别控制

提示：因模型较大，运行碰撞检查时可能会出现卡顿，耐心等待检查完成。上图更换"类别 1，类别 2"为"类别 2，类别 1"时也需等待。

左键单击+号，展开碰撞点的具体信息，如图 8.2-11 所示。碰撞点的信息包含构件的类别、族类型及 ID 号。

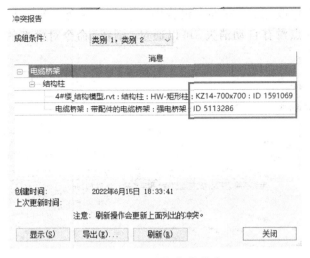

图 8.2-11  碰撞构件信息

选择如图 8.2-12 所示碰撞构件，左键单击"显示"按钮，可以在三维视图中看到此桥架高亮显示。左键单击"关闭"，查看模型，找出碰撞的原因并做相应的修改。

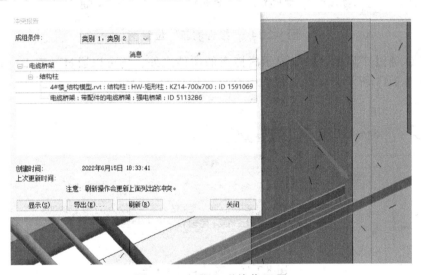

图 8.2-12  显示碰撞位置图

修改完碰撞点之后，左键单击"碰撞检查"下的"显示上个报告"，如图 8.2-13 所示，查看上个碰撞报告。

图 8.2-13  "碰撞检查报告"位置图

将第一个碰撞点修改完成，在冲突报告中该碰撞点就会自动消失，如果修改的碰撞点过多或其他原因碰撞点没有自动消失，可以通过"刷新"命令对模型的冲突报告进行更新，如图 8.2-14 所示。

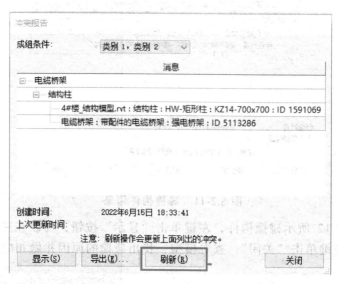

图 8.2-14  "报告刷新"位置图

除了可以通过"显示"命令显示碰撞点的构件之外，还可以通过元素 ID 号对其进行查询。如图 8.2-15 所示，在冲突报告中会显示构件的 ID 号。

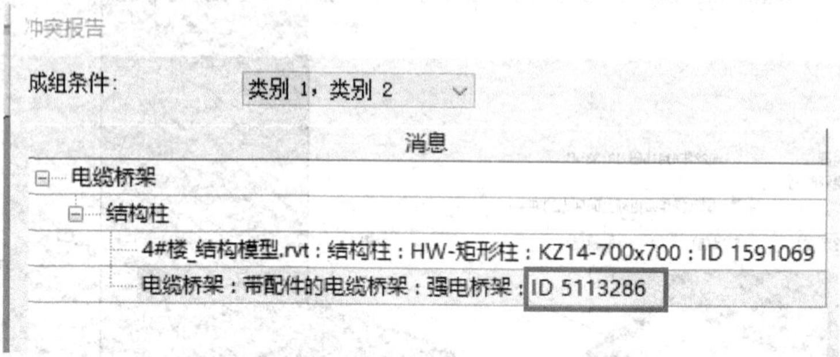

图 8.2-15  碰撞构件 ID 号

左键单击"管理"选项卡下"查询"面板上的"按 ID 查询"命令，如图 8.2-16 所示。在弹出的"按 ID 号选择图元"对话框中输入元素 ID 号，如图 8.2-17 所示，输入第一个碰撞点中管件的 ID 号，左键单击"显示"，三维模型会高亮显示该构件，如图 8.2-18 所示。

图 8.2-16  ID 查询位置图

图 8.2-17　ID 号查询对话框

图 8.2-18　查询碰撞构件图

下面介绍管线之间的碰撞检查。如图 8.2-19 所示，进行碰撞检查设置。

提示：可以检查各个专业之间的碰撞也可检查本专业内的碰撞。

图 8.2-19　各专业管线碰撞检查设置图

此次碰撞检查采用的是所有专业模型，涉及的碰撞报告会非常多，消耗的时间也会更长。

## 8.2.3　导出碰撞报告

左键单击冲突报告下方"导出"命令，保存该冲突报告为"机电本体碰撞"，如图 8.2-20 所示，该碰撞报告格式为.html。导出报告后打开，如图 8.2-21 所示。该冲突报告中的内容与 Revit 界面的冲突报告内容一致。

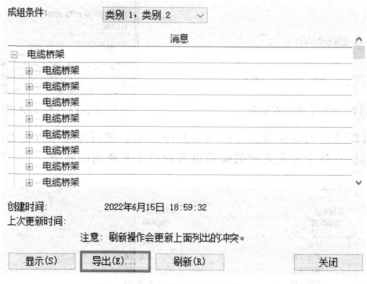

图 8.2-20 "报告导出"位置图

**冲突报告**

冲突报告项目文件: E:\桌面\教材文件夹\03 模型文件\4#楼_机电模型.rvt
创建时间: 2022年6月15日 18:59:32
上次更新时间:

| | A | B |
|---|---|---|
| 1 | 电缆桥架 : 带配件的电缆桥架 : 强电桥架 : ID 5111663 | 电缆桥架 : 带配件的电缆桥架 : 消防耐火桥架 : ID 5112194 |
| 2 | 电缆桥架 : 带配件的电缆桥架 : 强电桥架 : ID 5111663 | 电缆桥架配件 : 槽式水平弯通 : 消防耐火桥架 : ID 5112284 |
| 3 | 电缆桥架 : 带配件的电缆桥架 : 强电桥架 : ID 5111663 | 电缆桥架 : 带配件的电缆桥架 : 消防耐火桥架 : ID 5115786 |
| 4 | 电缆桥架 : 带配件的电缆桥架 : 强电桥架 : ID 5111663 | 电缆桥架 : 带配件的电缆桥架 : 弱电桥架 : ID 5117329 |
| 5 | 电缆桥架 : 带配件的电缆桥架 : 强电桥架 : ID 5111663 | 风管管件 : 矩形T形三通-带过渡件 - 弧形1 : 标准 : ID 5152274 |
| 6 | 电缆桥架 : 带配件的电缆桥架 : 强电桥架 : ID 5111663 | 风管附件 : 矩形对开多叶调节阀 : 标准 - 标记 1936 : ID 5157398 |

图 8.2-21 碰撞报告导出文件图

提示: Revit 只能进行硬碰撞检测即物体之间的物理碰撞,但实际施工时候需考虑安装空间、检修空间等一系列问题,有插件能解决这些问题,或者将文件导入 Navisworks 进行检查。

### 8.2.4 根据碰撞报告调整

首先解决同专业内的碰撞,再解决不同专业之间的碰撞,以给排水为例讲解如何避让等操作。

如图 8.2-22 所示,图中给水管与污水管道发生了碰撞。

图 8.2-22 管道碰撞示意图

按住 Ctrl 同时选择两根发生碰撞的管道，使用隔离命令（快捷键 HI），使得三维视图里只有这两根碰撞的管道，如图 8.2-23 所示。

图 8.2-23　隔离构件视图

由调整原则可知，污水管为重力流排水带有坡度，给水管为有压管。调整的是给水管，将给水管进行上翻或下翻避开污水管。如果空间足够可以采取降低管道标高的方式进行调整。

使用打断命令（快捷键 SL）分别点击相交部分的两端，其会出现如图 8.2-24 所示的管接头，选中中间被打断的部分以及管接头进行删除。

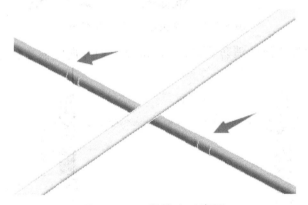

图 8.2-24　管接头示意图

删除后使用之前的绘制方法绘制立管与水平管，使其上翻避开，绘制完成后如图 8.2-25 所示。

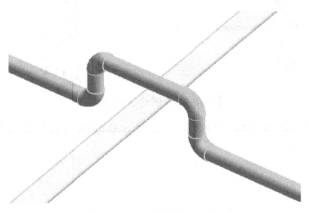

图 8.2-25　避让完成图 1

提示：退出隔离和推出临时隐藏使用的是同一个命令（快捷键 HR）。并且现在市面上有许多插件，能快速解决翻弯的问题。

除了采取翻弯的形式之外，在平面内可以通过键盘上的方向键进行调整。如图 8.2-26 所示，喷头与消防管道之间发生碰撞。直接移动消防管将这几处碰撞一并解决。

图 8.2-26　喷头碰撞位置示意图

左键单击选中发生碰撞的消防管道，使用键盘上的方向键向右移动一段距离，移动后如图 8.2-27 所示。

图 8.2-27　避让完成图 2

当然管线碰撞调整涉及非常多的规则，后续在管线综合章节进行讲解。

# 第 9 章

# 管线综合

## 9.1 管线综合原则

### 9.1.1 总原则

（1）大管优先。因小管道造价低易安装；而大截面、大直径的管道，如空调通风管道、排水管道、排烟管道等占据的空间较大，在平面图中先作布置，如图 9.1-1 所示。

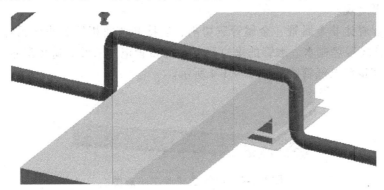

图 9.1-1 小管让大管示意图

采取上翻的原因：如图 9.1-2 所示，这个部位称为"梁窝"，利用这个空间进行翻完的操作能够最大限度提高净空高度。

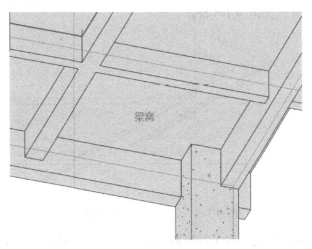

图 9.1-2 "梁窝"示意图

（2）临时管线避让长久管线。

（3）有压让无压。无压管道，如生活污水管、废水管、雨水管等都是靠重力流排水，因此，水平管段必须保持一定的坡度，是顺利排水充分条件，在与有压管道交叉时，有压管道应避让，如图9.1-3所示。

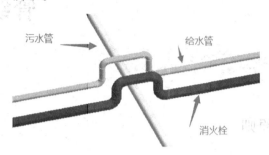

污水管　给水管　消火栓

图 9.1-3　有压让无压示意图

提示：因现场施工时候，给水管与消火栓管道可能为一家单位进行施工，先要将管道调整至同一标高，方便现场进行支吊架的安装。同时也需保证起翻位置的一致性，不仅能方便施工并且更美观。

（4）金属管避让非金属管，金属管道切割、连接和弯曲相较于非金属管容易。

（5）电气管线避热避水。水管的垂直下方不宜布置电气管线，避免漏水。另外在热水管道上方也不宜布置电气管线。如图9.1-4所示。

图 9.1-4　电气管线避水示意图

（6）消防水管避让冷冻水管（同管径）。因为冷冻水管有保温，有利于保温的工艺效果以及保温的造价。

（7）强弱电分设。因强电供电时会产生电磁场会对弱电信号进行干扰，强弱电桥架之间需要保留一定的距离，如图9.1-5所示。

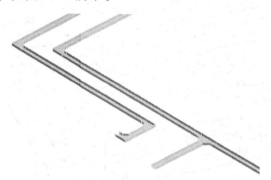

图 9.1-5　强弱电分设示意图

提示：现场施工时，可能采取了带屏蔽功能的桥架，如果采用此类桥架则强弱电桥架之间的距离可以缩短。

（8）附件少的管道避让附件多的管道。这样有利于施工和检修，更换管件。各种管线在同一处布置时，还应尽可能做到呈直线、互相平行、不交错，还要考虑预留出安装、维修更换的操作距离、设置支吊架的空间等。

（9）冷水管让热水管。因热水管如果连续调整标高，易造成积气等。

（10）当各专业管道不存在大面积重叠时（如汽车库等）：水管和桥架布置在上层，风管布置在下层。如果同时有重力水管道，则风管布置在最上层，水管和桥架布置在下层，同时考虑重力水管道出户高度，必须保证能够接入市政室外井。

（11）当各专业管道存在大面积重叠时（如走道、核心筒等），因并排管线较多会遮挡风口，故由上到下各专业管线布置顺序为：不需要开设风口的通风管道、桥架、水管、需要开设风口的通风管道。

（12）地下车库管综时最低净高要大于2 200 mm；如果是货运通道或其他运输通道，必须满足建筑专业图纸的要求。

提示：消防通道以及地下室主通道的标高一定要和建设单位进行复核。

（13）管线过防火卷帘时能满足最低净高的前提下可以从防火卷帘门通过，如果不能进行避让，地上部分在满足净高的前提下可以从防火卷帘门上方通过，或在其上方平行放置，并做好相关的防火封堵，保证防火门隔离防火分区的功能，如图9.1-6所示。

图9.1-6 管线从防火卷帘上方通过

## 9.1.2 结构专业

（1）对于结构专业的模型应当充分考虑现场实际做法导致结构梁体以及墙柱板的误差（50 mm是误差允许范围）。

提示：在做复杂节点位置的管线综合时，需要到现场运用测距仪、钢尺等工具复核结构上的误差。

（2）结构平面上已经标注为后浇板且机电施工之后才进行封闭的区域，若在此区域内留洞，则不另外表示，其余情况皆应当表示出来。

（3）结构平面中，一般对于尺寸小于300×300的洞口，不另外表示；待管线综合完毕后，应当表示出来。

（4）对于人防区域顶板上留洞，无论洞口大小，均需要结构专业确认，并在结构图上表示；人防临空墙的预留套管或隔墙上要求密闭套管的，必须与混凝土浇筑一次完成，杜绝留洞或开洞后置套管。

（5）设备管道如果需要穿梁，则开洞尺寸必须小于 1/3 梁高度，而且小于 250 mm。开洞位置位于梁高度的中心处。在平面的位置，位于梁跨中的 1/3 处。穿梁定位需要经过结构专业确认，并同时在结构图上表示。

提示：这是因梁的钢筋布置情况所决定的，从梁配筋图可得知，在上部与下部多数情况下布置了受力筋，而中部为箍筋。开洞位置选择在梁中心处。

### 9.1.3 给排水专业

（1）管线要减少设置弯头。

（2）给水管线在上，排水管线在下。保温管道在上，不保温管道在下，小口径管路应支撑在大口径管路上方或吊挂在大管路下面。

提示：给水管线在上的原因为，避免排水管漏水导致给水管线内的污染。

（3）除设计提升泵外，带坡度的无压水管绝对不能上翻。

提示：污水提升泵主要用于不具备重力排水场所的排污问题，因市政污水管不下沉的缘故（市政排水管指市政道路下的雨水、污水管道），凡是低于市政排污水管的排水点都需要用污水提升泵来将水提升至市政污水管的高度才能完成排放污水的流程。

（4）给水引入管与排水排出管的水平净距离不得小于 1 m。室内给水与排水管道平行敷设时，两管之间的最小净间距不得小于 0.2 m；交叉铺设时，垂直净距不得小于 0.15 m。给水管应铺设在排水管上面，若给水管必须铺设在排水管的下方时，给水管应加套管，其长度不得小于排水管径的 3 倍。

（5）喷淋管距离吊顶间间距应为管外壁离吊顶上部面层间距净空不小于 100 mm。

（6）污排、雨排、废水排水等自然排水管线不应上翻，其他管线避让重力管线，重力管线必须保证能够与市政室外井的接入。

提示：在做管线综合的过程中，一定要复核污水井、雨水井等市政管井的标高，在保证管线能够接入它们的同时，不能将管线置于管井的底部。原因是在碰到恶劣天气，下大雨的情况下可能会导致水的反流从而造成损失。

（7）管线外壁之间的最小距离不宜小于 100 mm。管线阀门不宜并列安装，应错开位置；若需并列安装，净距不宜小于 200 mm。

提示：这是考虑后期管道阀门的检修，因为阀门体积会比管线大一些，若是并排安装会导致施工不方便以及后期检修空间不足。

### 9.1.4 暖通专业

（1）应保证无压管（暖通专业仅冷凝水管）的重力坡度，并避免无压管与其他管道交叉及叠加，以控制层高。

（2）风管和较大的母线桥架，一般安装在最上方。安装母线桥架后，一般将母线穿好。风管与桥架之间的距离要 ≥100 mm。

（3）对于管道的外壁、法兰边缘及热绝缘层外壁等管路最突出的部位，距墙壁或柱边的净距应注明 ≥100 mm。

（4）通常风管顶部距离梁底 50～100 mm 的间距。

（5）如遇到空间不足的管廊，可与设计师沟通，在保证截面流量不变的情况下，适当修改断面尺寸，便于提高标高。

提示：如 400 mm×600 mm 尺寸风管可以变更为 300 mm×800 mm 风管，但是通常情况下宽高比不大于 4∶1。

（6）暖通的风管较多时，一般情况下，排烟管应高于其他风管；大风管应高于小风管。两个风管如果只是在局部交叉，可以安装在同一标高，交叉的位置小风管绕大风管。

（7）空调冷冻水管、乙二醇管、空调风管、吊顶内的排烟风管均需设置保温，其厚度及空调水管实际管径见附件。风管法兰保温条宽度一般可按 35 mm 设置。

提示：具体需根据设计说明的保温厚度进行设置。

### 9.1.5　电气专业

（1）电缆线槽、桥架宜高出地面 2.2 m 以上。线槽和桥架顶部距顶棚或其他障碍物不宜小于 0.3 m。

（2）在吊顶内设置时，线槽盖开启面应保持 80 mm 的垂直净空，与其他专业之间的距离最好保持在 ≥100 mm。

提示：预留 80 mm 是为了能有操作空间方便线槽盖安装，如图 9.1-7 所示。

图 9.1-7　盖板示意图

（3）电缆桥架多层安装时，控制电缆间不小于 0.15 m，电力电缆间不小于 0.25 m，当电缆桥架为不小于 30°的夹角交叉时，该间距可适当减小 0.1 m，弱电电缆与电力电缆间不小于 0.5 m，如有屏蔽盖可减少到 0.3 m，桥架上部距顶棚或其他障碍不小于 0.3 m。

（4）电缆桥架不宜敷设在腐蚀性气体管道和热力管道的上方及腐蚀性液体管道的下方。

（5）桥架上下翻时要放缓坡，角度控制在 45°以下，桥架与其他管道平行间距 ≥100 mm。

（6）强电桥架要靠近配电间的位置安装，如果强电桥架与弱电桥架上下安装时，优先考虑强电桥架放在上方。

## 9.2　管线综合

### 9.2.1　链接 Revit

根据之前介绍的方法将本案例的建筑模型与结构模型链接到机电专业内。将楼板与墙体通过"视图"选下卡下的"可见性/图形"（快捷键 VG），如图 9.2-1 所示。先将墙隐藏进行管线综合的过程中，运用参照面标记墙面位置。

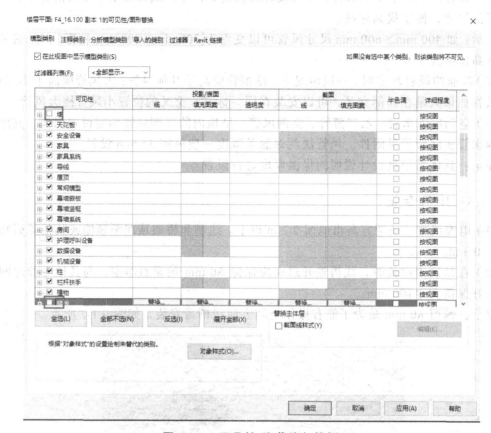

图 9.2-1　可见性-隐藏墙与楼板

设置完成的整体三维图如图 9.2-2 所示。

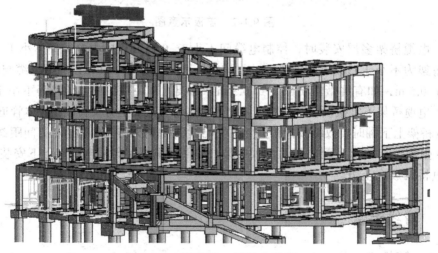

图 9.2-2　隐藏板、墙后三维图

### 9.2.2　熟悉图纸和模型

走廊吊顶内部是管线布置最集中的位置,对楼层走廊吊顶内管线的综合布置不但要合理还需定位准确,准确确定各专业管线的标高、位置,使各专业管线具有合理的空间,同时还应对各专业的施工顺序予以确定,从而使各专业工序交叉施工具有合理的时间。

下面以视图"F3_11.400"为例做管道综合演示。

### 9.2.3　复制视图

将"F3_11.400"视图复制出副本。具体操作是:在项目浏览器中选择右键单击"F3_11.400"在弹出的框内选择"复制视图"后再选择"带细节复制",如图 9.2-3 所示。

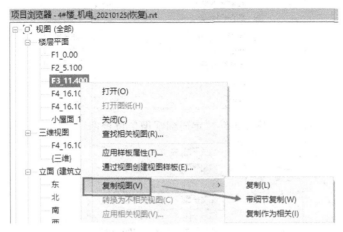

图 9.2-3　"复制视图"位置图

在管线调整的过程中,会隐藏掉不需要的构件,故在"三维"视图复制时需进行视图的命名。这时备份视图能及时看到被隐藏的构件的联动情况,同时也避免破坏掉之前设置的可见性规则。复制完成如图 9.2-4 所示。

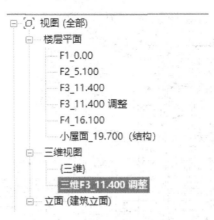

图 9.2-4　视图复制完成图

### 9.2.4　定向到视图

双击复制三维"F1_11.400 调整"视图,复制出的视图与之前一样。需将其余楼层的三维进行裁切，让复制出的三维视图只显示这一楼层的内容。如图 9.2-5 所示，右键单击其任何区域选择"定向到视图"，再选"楼层平面"。再选择上面复制完成的楼层平面视图，如图 9.2-6 所示。

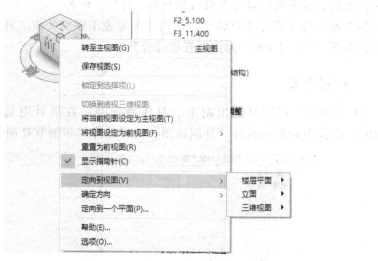

图 9.2-5 "定向到视图"位置图

图 9.2-6 选择需要的平面视图

定向的三维视图如图 9.2-7 所示。

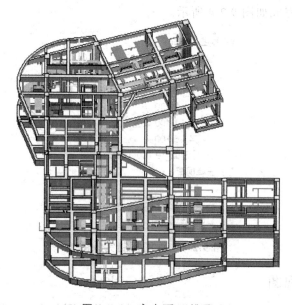

图 9.2-7 定向后三维图

其他定位方式为属性选项卡下的剖面框命令。如图 9.2-8 所示,在属性选项卡下有剖面框,选择其三维视图就会出现如图 9.2-9 所示的剖面框。

点击选择剖面框,会出现调整的符号,鼠标左键按住其进行拖动调整剖切的范围,如图 9.2-10 所示。

| 图形 | |
| --- | --- |
| 视图比例 | 1:100 |
| 比例值 1: | 100 |
| 详细程度 | 精细 |
| 零件可见性 | 显示两者 |
| 可见性/图形替换 | 编辑… |
| 图形显示选项 | 编辑… |
| 规程 | 协调 |
| 显示隐藏线 | 按规程 |
| 默认分析显示样式 | 无 |
| 日光路径 | ☐ |
| 文字 | |
| 楼层 | 公共 |
| 范围 | |
| 裁剪视图 | ☐ |
| 裁剪区域可见 | ☐ |
| 注释裁剪 | ☐ |
| 远剪裁激活 | ☐ |
| 远剪裁偏移 | 304800.0 |
| 剖面框 | ☑ |
| 相机 | |

图 9.2-8 "剖面框"位置图

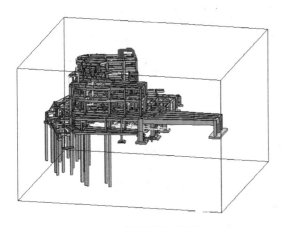

图 9.2-9 剖面框示意图

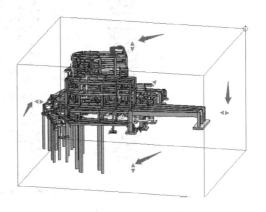

图 9.2-10 剖面框调整图

### 9.2.5 添加过滤器

**1. 给排水专业过滤器**

以给水系统为例讲解给排水各系统如何添加过滤器。使用"可见性/图形"命令(快捷键 VG)进入界面后选择过滤器,点击编辑/新建,如图 9.2-11 所示。

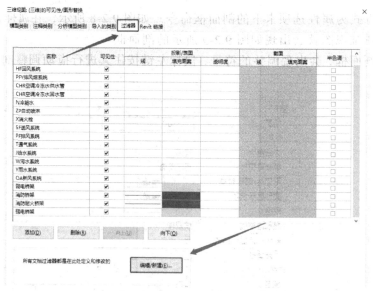

图 9.2-11　添加过滤器

进入后点击左下角的新建按钮，如图 9.2-12 所示。在弹出的对话框中输入过滤器的名称"J 给水系统"，如图 9.2-13 所示。

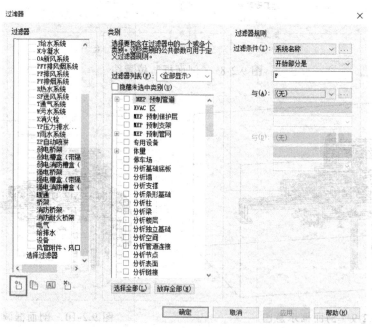

图 9.2-12　过滤器新建位置图

<table>
<tr><td colspan="2">过滤器名称　　　　　　　　×</td></tr>
<tr><td>名称(N):</td><td>J给水系统</td></tr>
<tr><td colspan="2">⦿定义规则(D)<br>○选择(S)<br>○使用当前选择(C)</td></tr>
<tr><td>确定</td><td>取消</td></tr>
</table>

图 9.2-13　输入过滤器名称

设置需要过滤的类别和过滤器规则，如图 9.2-14 所示。

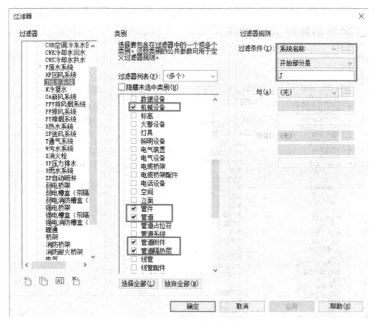

图 9.2-14  水管过滤器设置

提示：过滤器规则需要根据不同项目灵活运用。

## 2. 暖通专业过滤器

以回风系统为例，根据之前的方法新建过滤器并命名，再根据图 9.2-15 所示设置过滤的类别和过滤器规则。与给排水专业不同的是过滤的类别，过滤器规则还是需要灵活设置。

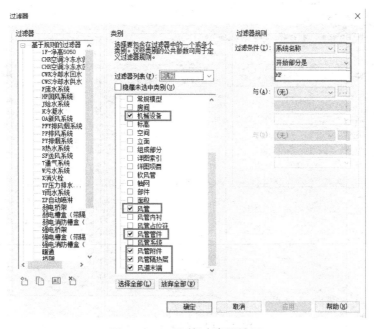

图 9.2-15  风管过滤器设置

### 3. 电气专业过滤器

电气专业只需设置桥架的过滤器，根据之前发方法新建过滤器并命名，再根据图9.2-16所示设置过滤类别和过滤器规则。

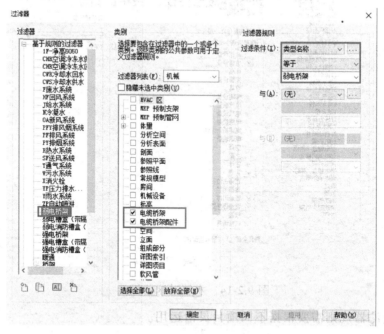

图 9.2-16 桥架过滤器设置

### 4. 添加不同视图过滤器

过滤器只针对当前视图，需要给视图内添加设置的过滤器，如图9.2-17所示。

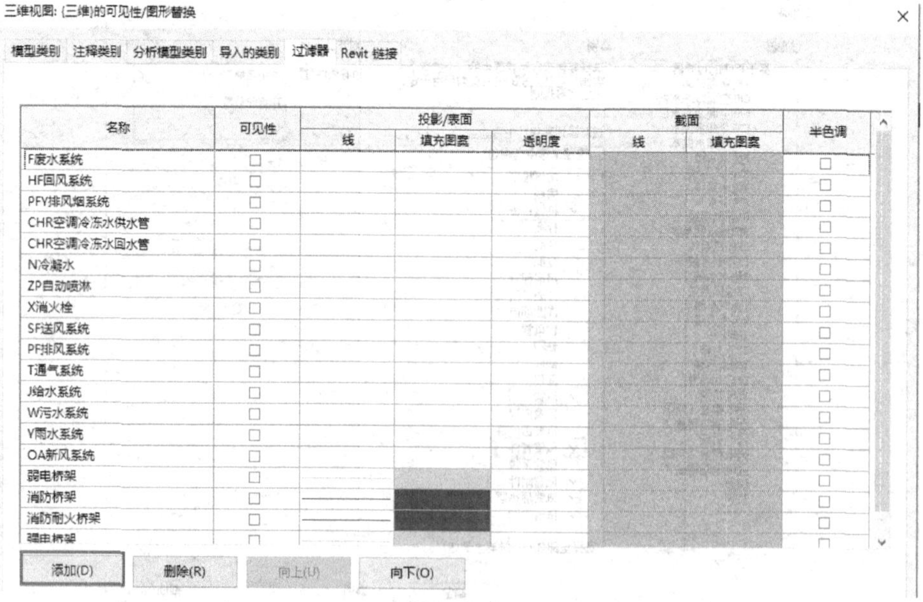

| 名称 | 可见性 | 投影/表面 | | | 截面 | | 半色调 |
|---|---|---|---|---|---|---|---|
| | | 线 | 填充图案 | 透明度 | 线 | 填充图案 | |
| F废水系统 | ☐ | | | | | | ☐ |
| HF回风系统 | ☐ | | | | | | ☐ |
| PFY排风烟系统 | ☐ | | | | | | ☐ |
| CHR空调冷冻水供水管 | ☐ | | | | | | ☐ |
| CHR空调冷冻水回水管 | ☐ | | | | | | ☐ |
| N冷凝水 | ☐ | | | | | | ☐ |
| ZP自动喷淋 | ☐ | | | | | | ☐ |
| X消火栓 | ☐ | | | | | | ☐ |
| SF送风系统 | ☐ | | | | | | ☐ |
| PF排风系统 | ☐ | | | | | | ☐ |
| T通气系统 | ☐ | | | | | | ☐ |
| J给水系统 | ☐ | | | | | | ☐ |
| W污水系统 | ☐ | | | | | | ☐ |
| Y雨水系统 | ☐ | | | | | | ☐ |
| OA新风系统 | ☐ | | | | | | ☐ |
| 弱电桥架 | ☐ | | | | | | ☐ |
| 消防桥架 | ☐ | | | | | | ☐ |
| 消防耐火桥架 | ☐ | | | | | | ☐ |
| 强电桥架 | ☐ | | | | | | ☐ |

添加(D)　删除(R)　向上(U)　向下(O)

图 9.2-17 过滤器添加

进入界面选择设置完参数的过滤器添加，过滤器只针对当前视图，在其余楼层平面等视图需重新添加。

### 9.2.6 调整可见性

打开"系统"选项卡下的"可见性/图形"（快捷键 VG），将过滤器中所有都勾选上，如图 9.2-18 所示。

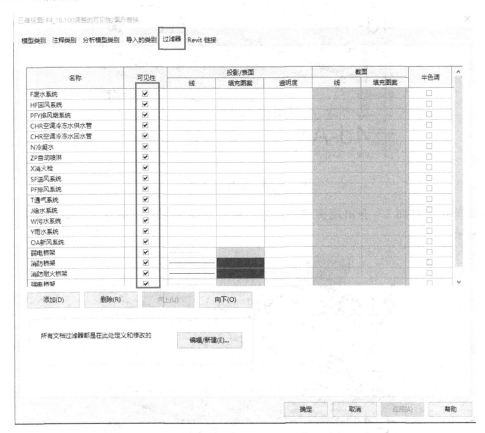

图 9.2-18 可见性-打开所有系统

### 9.2.7 创建剖面视图

双击进入平面视图并复制，如图 9.2-19 所示在"视图"选下卡下找到"剖面"点击进入创建剖面视图。

图 9.2-19 "剖面"位置图

找到走廊吊顶内部管线布置最集中的位置，进行剖面设置，如图 9.2-20 所示。

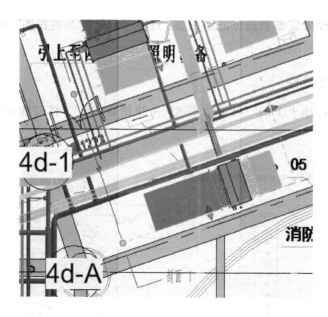

图 9.2-20　剖面绘制图

　　左键单击"剖面 1"会出现调整的符号，鼠标左键按住拖动调整至合适的位置，如图 9.2-21 所示。

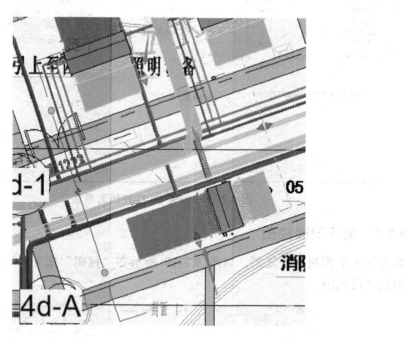

图 9.2-21　剖面调整图

　　在"项目浏览器"内找到刚创建的"剖面 1"右键单击选择重命名，将其名称改为 "F4_16.100 调整剖面"调整后视图如图 9.2-22 所示。

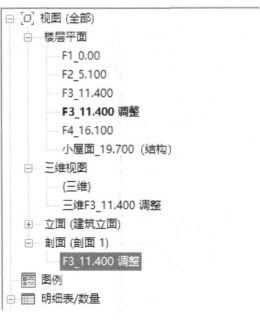

图 9.2-22　剖面图重命名

　　双击进入创建的"F3_11.400 调整剖面"视图，打开时如图 9.2-23 所示，其会显示这个位置整个楼的剖面，如果需要简洁的画面需要左键单击图中的白框拖动如图 9.2-24 中所示的符号，将以下部分拖动裁切。

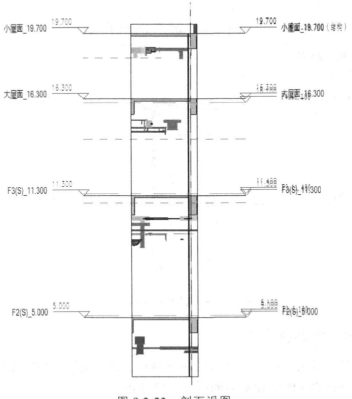

图 9.2-23　剖面视图

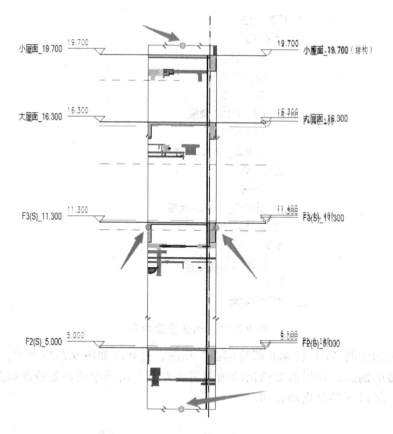

图 9.2-24　调整剖面视图

调整后如图 9.2-25 所示。

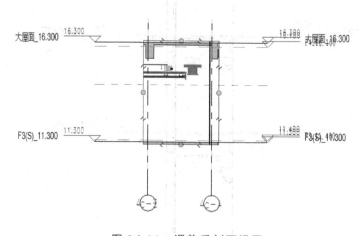

图 9.2-25　调整后剖面视图

### 9.2.8　隐藏不需要的构件

　　框选不需要的构件或者按住 Ctrl 左键单击进行多选，选择后如图 9.2-26 所示，使用永久隐藏命令（快捷键 EH），隐藏后如图 9.2-27 所示。

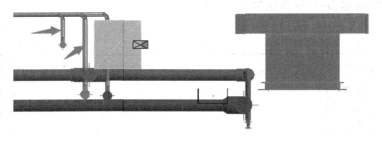

图 9.2-26　永久隐藏示意图

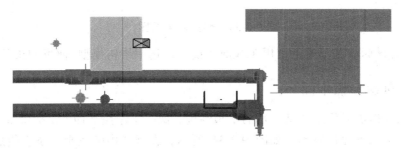

图 9.2-27　永久隐藏后示意图

提示：隐藏这些管道的原因为，其管径小在现场施工时能解决，不需要进行管线综合，否则管线综合的工作量会非常大。

若是想恢复永久隐藏的构件，点击如图 9.2-28 所示的显示隐藏图元按钮。

图 9.2-28　"隐藏图元按钮"位置图

进入后高亮显示的则是刚隐藏的构件，在运用之前的方法选择其后，修改选项卡下会出现"取消隐藏图元"左键单击将隐藏的构件重新显示出来，若是想退出这个视图再次左键单击小灯泡或者左键单击"切换显示隐藏图元模式"如图 9.2-29 所示。

图 9.2-29　"隐藏图元按钮"界面

## 9.2.9　识别梁截面高度

需找出这个区域内，截面高度最高的作为调整的上限，当然需要利用"梁窝"的空间。找最大梁的方法为：在三维视图中识别或在剖面中识别。如图 9.2-30 所示，找到其位置运用测量命令（快捷键 DI）知道这根梁的高度。

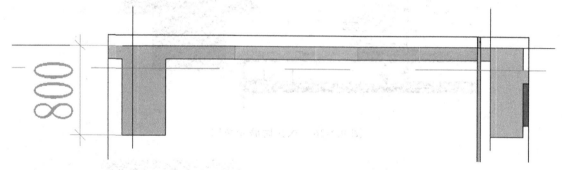

图 9.2-30　梁高度测量图

提示：或是鼠标放置于梁上使用 Tab 键切换可以选中结构模型，便可知梁的截面尺寸。

### 9.2.10　创建参照平面

根据业主方提供或施工图纸所示的吊顶高度，做一个参照平面（快捷键 RP），这一平面作为调整的下限不允许超越，如图 9.2-31 所示，在视图内随意画一条直线后调整红框内的数值为 2 800。

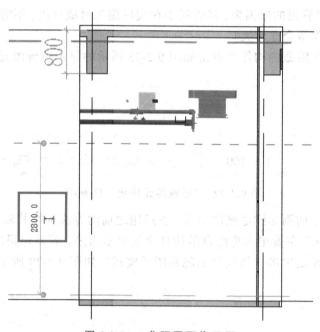

图 9.2-31　参照平面位置图

提示：数值偏移 2 800 mm 一定是相对于建筑标高的。

### 9.2.11　调整桥架位置

按照之前介绍的方法使用过滤器，只将桥架呈现在视图内。

第一步：根据桥架的路由将桥架进行初步的调整。如图 9.2-32 所示，为本层的桥架，进行初步调整后桥架如图 9.2-33 所示。

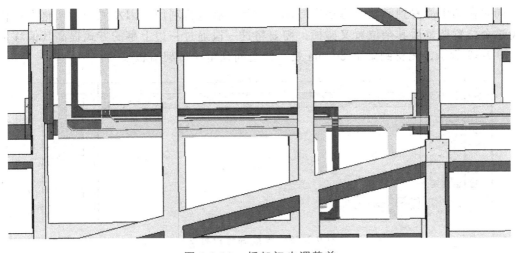

图 9.2-32　桥架初步调整前

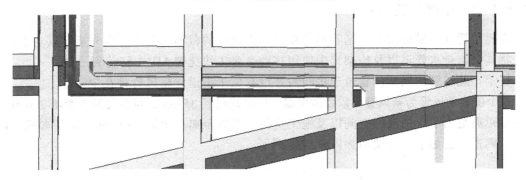

图 9.2-33　桥架初步调整后

这一层调整后，回到创建剖面的具体节点。通过剖面图 9.2-34 所示，将桥架整体移动到了走道的左侧。并且保证桥架的底部在偏移量上，这是为了方便支吊架的设置。

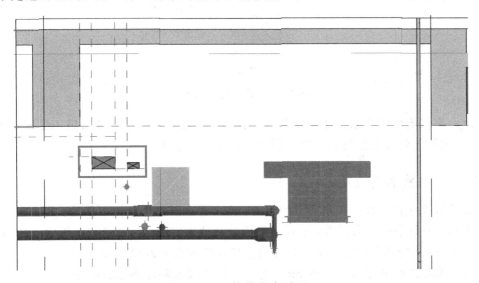

图 9.2-34　管线综合过程 1

同时在图中能看到，其上方还有一部分空间没有进行利用。因左侧的桥架路由很长，避免这个位置调整后其余位置又碰撞，需要将这一段通过一边上翻的方式提高其偏移量。如图 9.2-35 所示，调整到梁下 80 mm 处，此空间预留给桥架盖板安装。

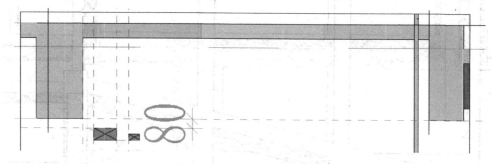

图 9.2-35　管线综合过程 2

### 9.2.12　调整风管位置

需要像桥架一样清楚每一趟管道的路由。因风管的截面积最大，需先满足其道走向。首先将其余给排水管道以及桥架选中使用移动命令（快捷键 MV）移动到一边。

提示：此风管的风口位置位于房间内并没有位于走道，将风管排在中间层。

这个位置的风管为新风管，需要做保温，保温层设置 35 mm，再设置风管距墙 200 mm，这一段距离是为了支吊架的空间以及施工空间。设置距离左边墙 250 mm，使用参照平面命令，调整方法如上。调整后如图 9.2-36 所示。

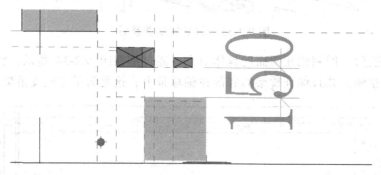

图 9.2-36　管线综合过程 3

提示：靠墙侧也需绘制一条参照平面，否则其余参照平面左键单击后不能调整数值。根据 CAD 图纸若设置的是抗震支架，则预留的距离需更多。

### 9.2.13　调整水管位置

需要像桥架一样清楚每一趟管道的路由。将水管全部框选整体下移，其中有一条是冷冻水供水，一条是冷冻水回水，这两条管道是需要做保温的。水管与水管之间的间距都设置为 150 mm。绘制完成参照平面再移动，移动后如图 9.2-37 所示。

风管与水管之间的距离为 200 mm，是考虑风管保温和冷冻水管保温。

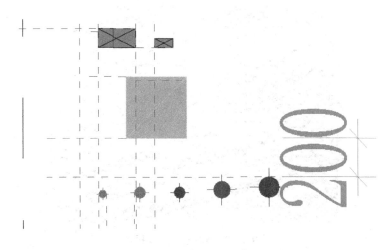

图 9.2-37　管线综合过程 4

在进行管线综合的过程中，一定要注意冷冻水管。让冷冻水供水管与冷冻水回水管在同一标高，其原因为方便支吊架的设置，因为冷冻水管需要设置木托来避免冷桥效应。安装详图如图 9.2-38 所示。

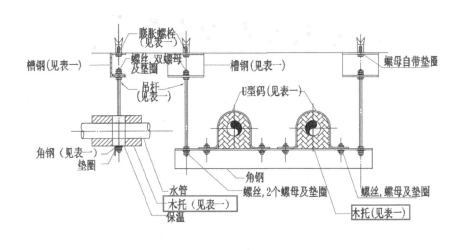

图 9.2-38　冷冻水管支承

当然调整过的五根管道也可以都同一个综合支吊架，但冷冻水部分需做上图木托的特殊处理。

调整后需到三维视图，调整一些碰撞点。如图 9.2-39 所示，这个位置采取下翻的原因是风管以及冷冻水管都需做保温，上翻会造成施工不方便且此位置还有空间能够进行下翻。

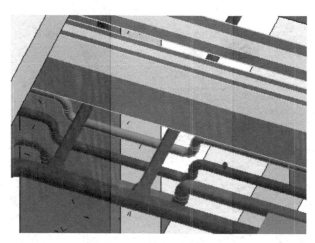

图 9.2-39　管线综合过程 5

### 9.2.14　调整风机盘管

此走道位置较为宽敞，不需要调整风机盘管标高。

# 第 10 章

# 场地布置

## 10.1　图纸导入及地形创建

场地布置之前需要确定图纸比例问题，将图纸比例确定为 1∶1。导入的图纸比例不对可以在软件内将图纸进行缩放，导入图纸后全选图纸左键单击比例修改，如图 10.1-1。输入需要的缩放比例，如图 10.1-2。

图 10.1-1　"修改比例"位置图

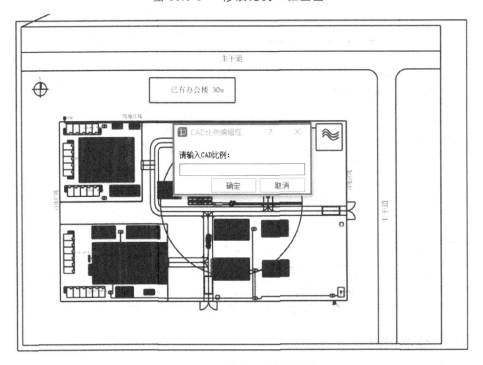

图 10.1-2　修改比例对话框

143

### 10.1.1 新建项目

启动广联达 BIM 施工现场布置软件，左键单击新建工程，如图 10.1-3。再点击确定，如图 10.1-4 以导入场地图纸。选择图纸文件所在位置，左键单击打开，如图 10.1-5。

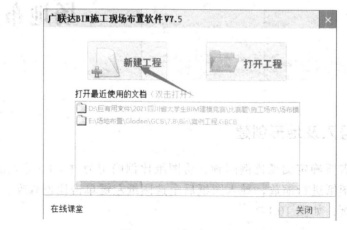

图 10.1-3　新建工程界面

图 10.1-4　导入 CAD 图对话框

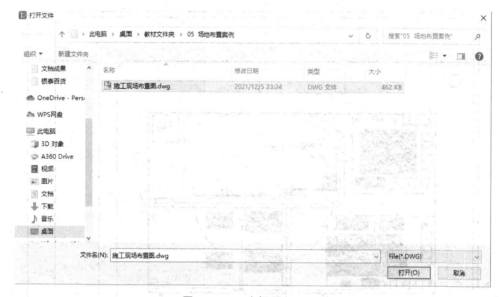

图 10.1-5　选择图纸界面

### 10.1.2 地形创建

左键单击工具栏下的地形地貌，左键单击平面地形，如图 10.1-6。框选出整个图纸区域，如图 10.1-7。左键单击地形设置，根据项目特征完成地形设置，如图 10.1-8。

图 10.1-6 "地形绘制"选定界面

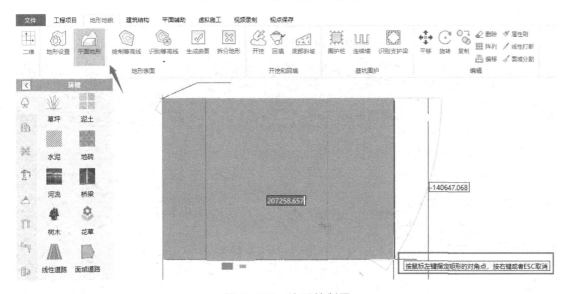

图 10.1-7 地形绘制图

图 10.1-8 地形设置对话框

地形开挖：左键单击地形地貌下的开挖，如图 10.1-9，设置基底标高和放坡角度后左键单击确定绘制，如图 10.1-10，根据基坑边线绘制基坑，绘制后左键单击鼠标右键单击确认，如图 10.1-11。提示：绘制基坑轮廓线时必须闭合。

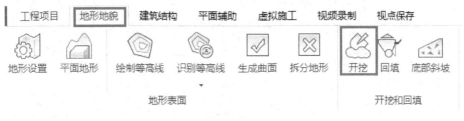

图 10.1-9 "地形开挖"选定界面

图 10.1-10 地形开挖对话框

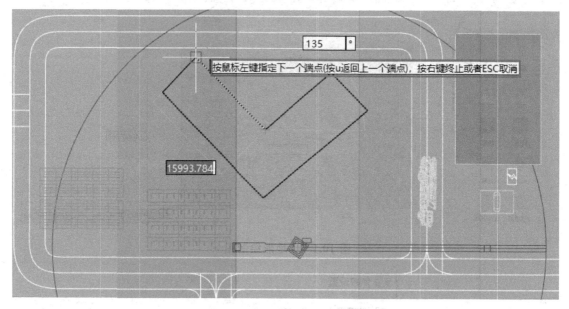

图 10.1-11 地形开挖示意图

绘制完成效果见图 10.1.12 所示。

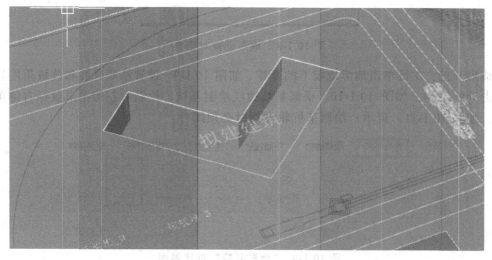

图 10.1.12 开挖完成图

如图 10.1-13 所示，点击"二维/三维"切换，本案例打印要求采用的是白色背景，会使图纸中线条显色清晰，切换到"三维"模式下绘制。在"三维"模式下按住"Ctrl"键和鼠标中键切换视角。

图 10.1-13 "二维/三维"切换

基坑维护桩：左键单击地形地貌下的维护桩，如图 10.1-14。设置围护桩的顶、底标高和桩径桩距等，如图 10.1-15。设置后左键单击布置构件绘制，依次点击基坑轮廓，绘制后鼠标右键单击确定，如图 10.1-16。

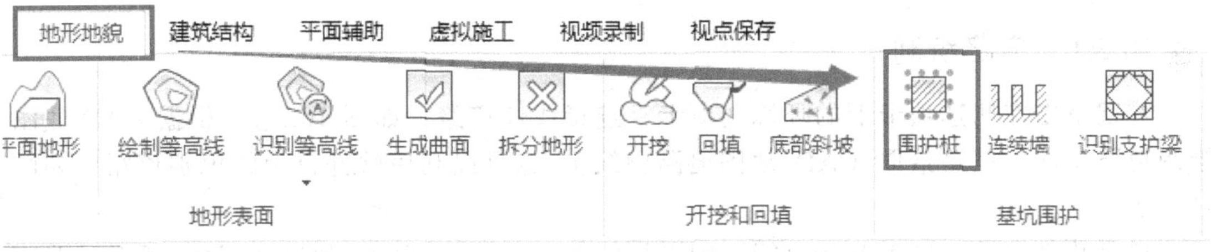

图 10.1-14 "围护桩"选定界面

| 属性栏 | ✕ |
|---|---|
| **名称** | |
| 名称 | 围护桩 |
| **围护桩** | |
| 顶标高(m) | 0 |
| 底标高(m) | -6 |
| 桩径(mm) | 300 |
| 桩距(mm) | 150 |
| 设置梁冠 | ☐ |

关闭　布置构件

图 10.1-15 围护桩对话框

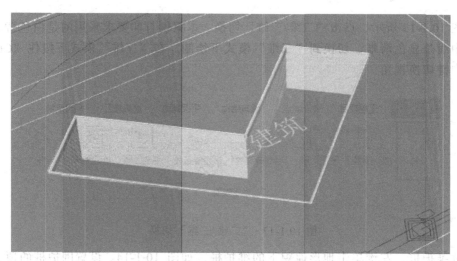
图 10.1-16　围护桩绘制完成图

## 10.2　模型创建

### 10.2.1　道路绘制

左键单击左侧选项卡下的环境选项卡，选择线性道路，如图 10.2-1。根据 CAD 底图绘制道路（注：道路拾取 CAD 地图道路中线）。也可以利用软件自带的识别道路，如图 10.2-2。

提示软件自动识别道路是只能识别平行的两条 CAD 直线（道路边线），弧形道路不能识别。

图 10.2-1　"道路绘制"选定界面

图 10.2-2　"道路识别"选定界面

## 10.2.2　围挡绘制

点选围墙中心线，左键单击识别围墙，如图 10.2-3，或左键单击右侧选项卡下的临建选项，选择围墙项，根据 CAD 底图放置围墙，如图 10.2-4。点选围墙在右侧属性栏更改围墙的属性，如图 10.2-5。

图 10.2-3　"围墙识别"选定界面

图 10.2-4　"围墙及大门"选定界面

图 10.2-5　围墙属性设置

提示：在使用识别围墙时，是先选中需要识别的 CAD 线，再点击识别围墙。

大门绘制：左键单击临建选项卡下的大门，如图 10.2-4，将大门与 CAD 底图重合放置。大门会自动识别围墙放置，自动剪切围墙，绘制围墙时不需要特意将大门的位置留出，大门各项属性在右侧属性栏中，如图 10.2-6。

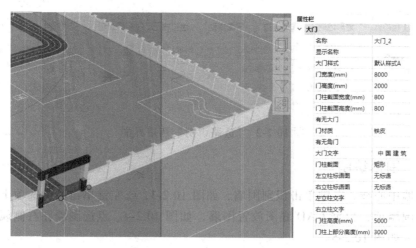

图 10.2-6　大门属性栏界面

提示：若是绘制时候出现图 10.2-7 所示，大门方向翻转。在二维或三维视角下选中大门，会出现图 10.2-8 所示的两个标识点。其中中间位置的标识点左键单击拖动可以进行大门的移动，而侧面的标识点拖动可以进行大门方向的翻转。

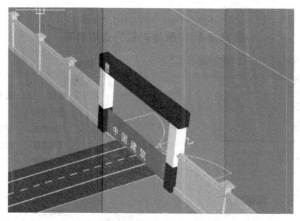

图 10.2-7　大门方向问题

图 10.2-8　大门方向问题解决

场地、道路、围墙和大门绘制完成后如图 10.2-9 所示。

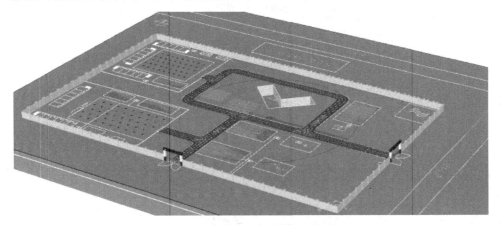

图 10.2-9　道路、围挡绘制完成图

### 10.2.3　拟建建筑绘制

点选 CAD 底图上的拟建建筑轮廓线，再点击工具栏下的识别拟建，如图 10.2-10。点击拟建建筑，在右侧的属性栏下结合项目实际情况进行更改，如图 10.2-11。手动绘制拟建建筑，点击左侧临建选项卡下的拟建建筑，如图 10.2-12，根据 CAD 底图轮廓线绘制。

图 10.2-10　"拟建识别"选定界面

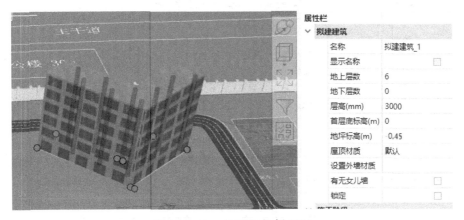

图 10.2-11　拟建属性栏界面

提示：因绘制了开挖可基坑支护，在选中 CAD 线条时可能会选择错误，采用的是手动进行绘制。

图 10.2-12 "拟建绘制"选定界面

### 10.2.4 生活区绘制

生活区主要为项目部人员提供住宿等生存活动的区域,其中包括住宿活动板房、厕所、洗衣间、晾衣棚、篮球场等。生活区一般与施工区域分隔开,生活区应位于建筑物可能产生坠落物范围和塔吊等机械作业半径之外。

左键单击临建选项卡下的活动板房绘制员工宿舍,如图 10.2-13,先定活动板房一个点,再拖动鼠标可以生成多间活动板房,绘制完成点击活动板房,右侧可以更改活动板房的尺寸、楼梯位置、楼层、高度等属性,如图 10.2-14。若是在三维中不方便操作,可以使用切换视角转移回到俯视界面,如图 10.2-15。

图 10.2-13 "活动板房绘制"选定界面

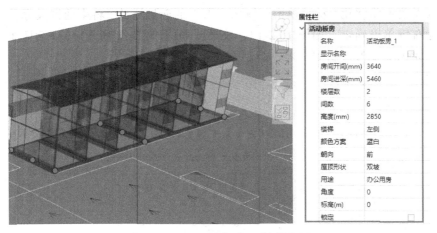

图 10.2-14　活动板房属性栏界面

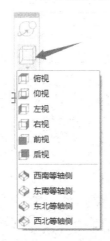

图 10.2-15　视角切换

生活区的篮球场、晾衣棚等都在临建和环境选项卡下，特别注意厕所和洗衣房用集装箱板房创建，创建完成在属性栏中更改用途，如图 10.2-16，下拉用途选项卡可选择其的用途。

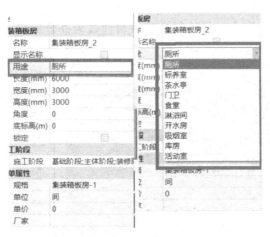

图 10.2-16　集装箱板房属性栏界面

生活区需要道路硬化，左键单击环境选项卡下的面域道路，将生活区及办公区的范围框选，鼠标右键单击确定，如图10.2-17，效果图如图10.2-18所示。（生活区黑色部分为面域道路，绿色部分为绘制的草坪，绘制方法相同）

图10.2-17 "面域道路"选定界面

图10.2-18 面域道路示意图

### 10.2.5 办公区绘制

办公用房同生活区的宿舍一样绘制，要将属性改为办公用房，如图10.2-19。

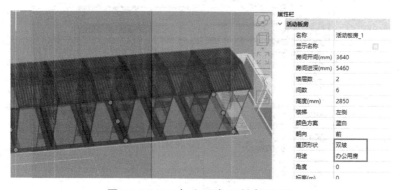

图10.2-19 办公用房属性栏界面

绘制淋浴间等时，如模型与底图尺寸不符可以左键单击模型，拖动相应的定位点到底图位置，如图 10.2-20。

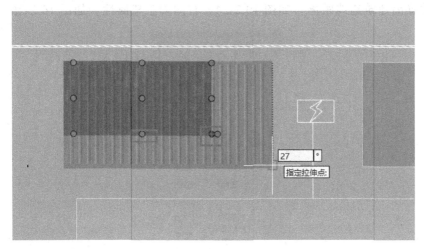

图 10.2-20　模型拉伸示意图

安全讲台绘制：左键单击措施选项卡下的安全讲台，如图 10.2-21。根据 CAD 底图放置安全讲台。放置后若没有与 CAD 底图重合，可以点击平移、旋转按钮，如图 10.2-22 将模型平移、旋转到与 CAD 底图重合。旗杆同理绘制，旗杆也在措施选项卡下。茶烟亭模型也在措施选项卡下。

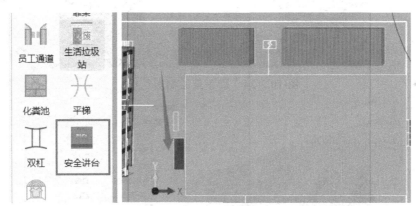

图 10.2-21　"安全讲台绘制"选定界面

图 10.2-22　"平移命令"位置图

## 10.2.6　施工现场布置

脚手架分为落地脚手架、悬挑脚手架和爬架，爬架一般用于超高层建筑。脚手架绘制：

左键单击措施选项卡下的脚手架，如图 10.2-23，再点击拟建建筑，脚手架的绘制会自动识别拟建建筑放置。爬架绘制：左键单击措施选项卡下的爬架，如图 10.2-23，再点击拟建建筑，设置离建筑边线距离，如图10.2-24。右侧脚手架属性，如图 10.2-25。

图 10.2-23 "脚手架绘制"选定界面

图 10.2-24 脚手架绘制对话框

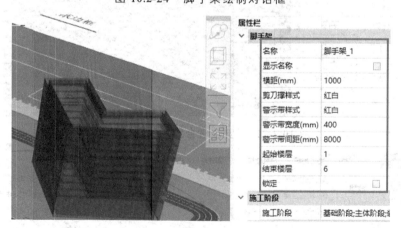

图 10.2-25 脚手架属性栏界面

卸料平台绘制：左键单击措施选项卡下的卸料平台，卸料平台放置只能依附于脚手架放置，如图 10.2-26。点击卸料平台在右侧属性栏更改卸料平台属性，如图 10.2-27。卸料平台适用于六层以上的高层建筑。当为多栋群体建筑时，考虑平台周转使用，平台使用应满足设计规范及设计验算。

图 10.2-26　"卸料平台绘制"选定界面

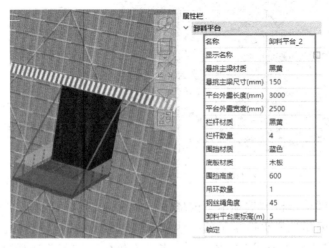

图 10.2-27　卸料平台属性栏界面

安全通道绘制：左键单击临建选项卡下的安全通道，如图 10.2-28，安全通道绘制也是自动识别脚手架放置。左键单击安全通道，右侧属性栏可以更改属性及安全通道上的标语，如图 10.2-29。

图 10.2-28　"安全通道绘制"选定界面

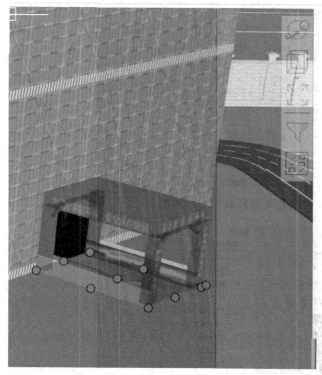

<table>
<tr><td colspan="2">安全通道</td></tr>
<tr><td colspan="2">∨ 安全通道图元</td></tr>
</table>

| 名称 | 安全通道_1 |
|---|---|
| 显示名称 | □ |
| 通道角度 | 39 |
| 通道宽(mm) | 4000 |
| 通道高(mm) | 3000 |
| 通道长(mm) | 6000 |
| 立柱宽(mm) | 500 |
| 立柱长(mm) | 500 |
| 立柱数量 | 2 |
| 桁架连杆宽 | 150 |
| 桁架连杆高 | 500 |
| 左立柱标语图 | 左侧默认标语 |
| 右立柱标语图 | 右侧默认标语 |
| 防护棚标语图(前) | 防护棚前默认标语 |
| 防护棚标语图(后) | 防护棚后默认标语 |
| 防护棚标语图(左) | 防护棚左默认标语 |
| 防护棚标语图(右) | 防护棚右默认标语 |

图 10.2-29　安全通道属性栏界面

　　塔吊绘制：左键单击机械选项卡下的塔吊，如图 10.2-30。根据 CAD 底图放置塔吊，点选塔吊，在右侧的属性栏更改塔吊的一些基本的属性，如图 10.2-31。更改塔吊上公司 LOGO 图标：点击属性下的公司 LOGO 选项，点击右侧的下拉菜单选择更多，如图 10.2-32。点击更多根据现场施工单位的实际情况选择公司 LOGO 的图片，如图 10.2-33。再点击打开，在塔吊上显示公司的 LOGO。

图 10.2-30　"塔吊绘制"选定界面

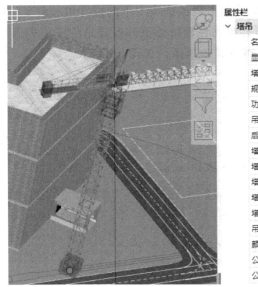

| 属性栏 | |
| --- | --- |
| ∨ 塔吊 | |
| 名称 | 塔吊_1 |
| 显示名称 | ☐ |
| 塔吊类型 | 尖头塔 |
| 规格型号 | QTZ5010 |
| 功率(KW) | 23 |
| 吊臂长度(mm) | 40000 |
| 后臂长度(mm) | 10000 |
| 塔身高度(mm) | 30000 |
| 塔吊基础长度(mm) | 2500 |
| 塔吊基础宽度(mm) | 2500 |
| 塔吊基础高度(mm) | 2000 |
| 塔吊基础角度 | -140.57 |
| 吊臂角度 | 0 |
| 颜色 | 黄色 |
| 公司名称 | |
| 公司LOGO | 默认 |

图 10.2-31　塔吊属性栏界面 1

| 吊臂角度 | 0 |
| --- | --- |
| 颜色 | 黄色 |
| 公司名称 | |
| 公司LOGO | 默认 |
| 基础底标高(m) | 0 |
| 设置塔吊附着 | ☐ |
| 锁定 | ☐ |

图 10.2-32　塔吊属性栏界面 2

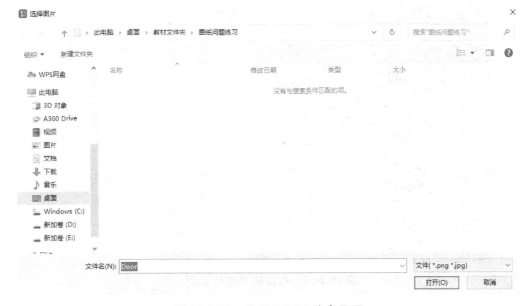

图 10.2-33　公司 LOGO 选定界面

搅拌机泵车等施工机械绘制：左键单击机械选项卡下的搅拌机、泵车，如图10.2-34，根据CAD底图放置施工机械等。搅拌机属性栏可以更改搅拌站的屋顶类型及搅拌站是否露天等属性，如图10.2-35。施工机械放置效果图，如图10.2-36。

图 10.2-34 "施工机械绘制"选定界面

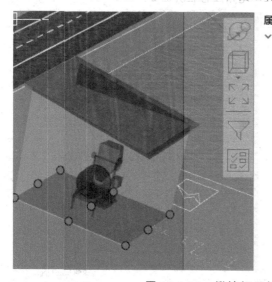

属性栏
∨ 搅拌机

| 名称 | 搅拌机_1 |
|---|---|
| 显示名称 | ☐ |
| 是否露天 | ☐ |
| 开间(mm) | 3600 |
| 进深(mm) | 5400 |
| 高度(mm) | 4000 |
| 屋面板 | 现浇板 |
| 屋顶类型 | 单坡屋顶 |
| 洞口位置 | 前 |
| 洞口宽度(mm) | 1500 |
| 洞口高度(mm) | 2400 |
| 离地高度(m) | 0 |

图 10.2-35 搅拌机属性栏界面

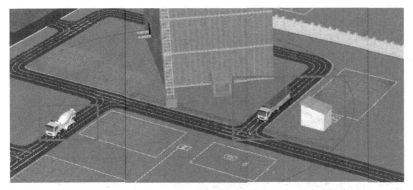

图 10.2-36　施工机械示意图

材料堆绘制：左键单击材料选项卡下的脚手架堆、模板堆，如图 10.2-37。根据 CAD 底图放置各个材料堆放点。注：在场地布置时，应注意将材料堆堆放在塔吊的旋转范围内，方便塔吊吊取，避免二次运输。

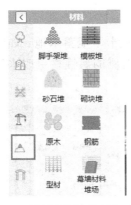

图 10.2-37　"材料堆场绘制"选定界面

加工棚绘制：加工棚分为模板加工棚和钢筋加工棚。左键单击临建选项卡下的防护棚，如图 10.2-38，根据 CAD 底图绘制加工棚轮廓线。点击加工棚，根据加工棚用途在右侧属性栏更改加工棚标语栏及加工棚用途，如图 10.2-39。

图 10.2-38　"防护棚绘制"选定界面

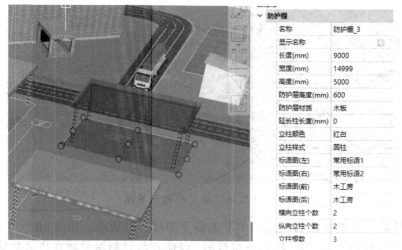

图 10.2-39 防护棚属性栏界面

### 10.2.7 施工场地内水布置

蓄水池绘制：左键单击水电选项卡下泄蓄水池，如图 10.2-40，根据 CAD 底图绘制蓄水池的轮廓线，左键单击蓄水池，右侧的属性栏更改水池的类别、结构形势及用途，如图 10.2-41。

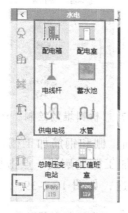

图 10.2-40 "蓄水池绘制" 选定界面

图 10.2-41 蓄水池属性栏界面

水管绘制：左键单击水电选项卡下的水管，如图 10.2-42，根据 CAD 底图绘制，注：水管属性需要根据项目规定更改，如图 10.2-43。系统类型、材质、管径属性一定要与施工组织上一致，否则后续工程量对不上。

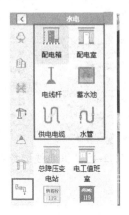

图 10.2-42 "水管绘制"选定界面

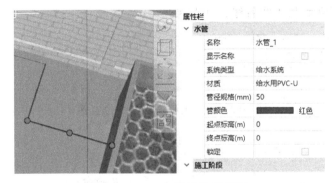

图 10.2-43 水管属性栏界面

## 10.2.8 施工场地内电布置

配电室及配电箱绘制：左键单击水电选项卡下的配电室、配电箱，如图 10.2-44，右侧属性栏更改构件属性。

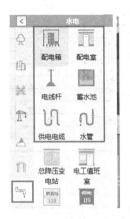

图 10.2-44 "配电箱绘制"选定界面

供电线缆绘制：左键单击水电选项卡下的供电线缆，如图 10.2-45。

注：每个配电箱都需要连接供电线缆。

图 10.2-45　供电线缆绘制

## 10.2.9　工程量导出

左键单击工程量选项，如图 10.2-46，查看每项工程的工程量。点击导出 Excel，如图 10.2-47，更改保存位置及文件名称，点击保存。

图 10.2-46　"工程量"命令位置图

查看工程量 ? ×

汇总表

| | A | B | C | D | E | F | G |
|---|---|---|---|---|---|---|---|
| 1 | | | | | 汇总表 | | |
| 2 | 构件 | 材质 | 规格 | 单位 | 数量 | 单价 | 总价 |
| 3 | 安全讲台 | | 安全讲台-1 | 个 | 1.000 | 0.000 | 0.00 |
| 4 | 钢筋弯曲机 | | 钢筋弯曲机-1 | 台 | 1.000 | 0.000 | 0.00 |
| 5 | 砼泵车 | | 砼泵车-1 | 台 | 1.000 | 0.000 | 0.00 |
| 6 | 木工电锯 | | 木工电锯-1 | 台 | 1.000 | 0.000 | 0.00 |
| 7 | 围墙 | 砌块 | 围墙-1 | 米 | 690.625 | 0.000 | 0.00 |
| 8 | 路口 | 沥青 | 路口-1 | 平方米 | 346.366 | 0.000 | 0.00 |
| 9 | 大门 | 铁门 | 大门-1 | 樘 | 2.000 | 0.000 | 0.00 |
| 10 | 泵罐车 | | 泵罐车-1 | 台 | 1.000 | 0.000 | 0.00 |
| 11 | 草坪 | | 草坪-1 | 平方米 | 1770.956 | 0.000 | 0.00 |
| 12 | 配电箱 | | 配电箱-1 | 台 | 9.000 | 0.000 | 0.00 |
| 13 | 面域道路 | 沥青 | 面域道路-1 | 平方米 | 4701.306 | 0.000 | 0.00 |
| 14 | 线性道路 | 沥青 | 线性道路-1 | 平方米 | 1495.757 | 0.000 | 0.00 |
| 15 | 脚手架堆 | | 脚手架堆-1 | 个 | 5.000 | 0.000 | 0.00 |
| 16 | 供电电缆 | | 供电电缆-1 | 米 | 277.557 | 0.000 | 0.00 |
| 17 | 蓄水池 | | 蓄水池-1 | 间 | 1.000 | 0.000 | 0.00 |
| 18 | 钢筋调直机 | | 钢筋调直机-1 | 台 | 1.000 | 0.000 | 0.00 |
| 19 | 模板堆 | | 模板堆-1 | 个 | 2.000 | 0.000 | 0.00 |
| 20 | 塔吊 | | 塔吊-1 | 台 | 1.000 | 0.000 | 0.00 |

基础阶段 ∖ 主体阶段 ∖ 装修阶段 ∖ 总计

打印　导出到Excel　关闭

图 10.2-47　"导出工程量"命令位置图

### 10.2.10 BIM5D 格式导出

左键单击工程项目选项卡下的 BIM5D，如图 10.2-48。在是否导出 CAD 图元下左键单击"是"，选择文件保存位置及设置文件名称，如图 10.2-49。

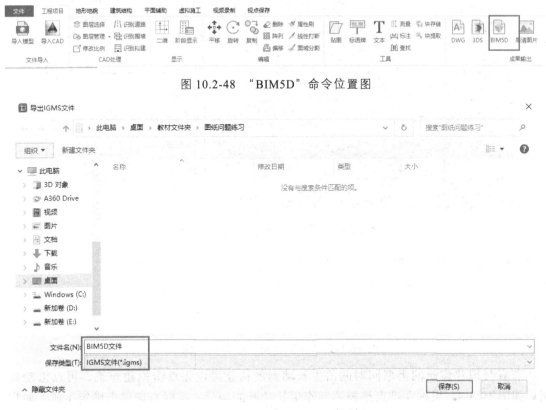

图 10.2-48 "BIM5D"命令位置图

图 10.2-49 导出 BIM5D 对话框

## 10.3 模拟施工

### 10.3.1 生长动画制作

左键单击虚拟施工，如图 10.3-1。注：左键单击后视图会自动调整至三维视图模式。

图 10.3-1 "虚拟施工"命令位置图

拟建建筑建造模拟：点选拟建建筑在点击建筑选项卡下的自下而上，如图 10.3-1。在右侧的属性栏下更改开始日期及结束日期，如图 10.3-2。左键单击预览拟建建筑的生长动画，若觉得生长动画缓慢，将一秒转换为天数值改大，如图 10.3-3。加快生长动画的播放。

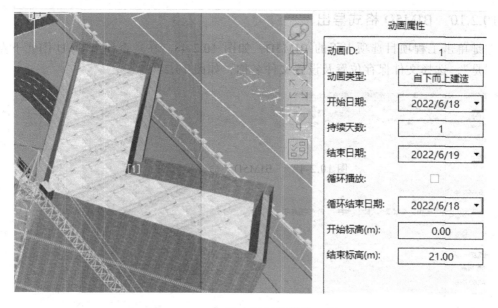

图 10.3-2　生长动画属性栏位置图 1

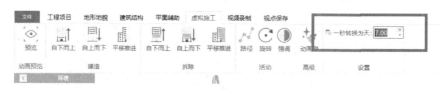

图 10.3-3　"时间转变"命令位置图

　　若有与拟建建筑同类型同时间的生长动画的构建可以先点击拟建建筑，再点击动画刷，如图 10.3-4。鼠标左键点选需要制作生长动画的构建，鼠标右键单击确定生成。如脚手架的建造。

图 10.3-4　"动画刷"命令位置图

　　脚手架的拆除：点选脚手架，左键单击拆除选项卡下的自上而下，如图 10.3-5。属性栏更改开始日期和结束日期，如图 10.3-6。

　　施工机械运动路线动画制作：点击混凝土泵车，左键单击上方活动选项卡下的路径，如图 10.3-7。绘制出施工机械在施工现场内的运动路径，鼠标右键单击确定，如图 10.3-8。右侧属性栏更改动画开始时间和结束时间，如图 10.3-9。

图 10.3-5 "自上而下拆除"命令位置图

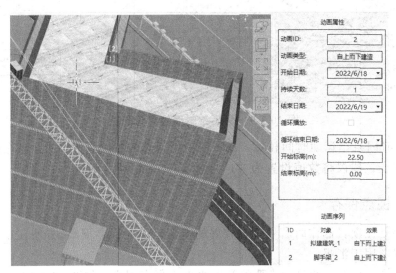

图 10.3-6 生长动画属性栏位置图 2

图 10.3-7 "路径"命令位置图

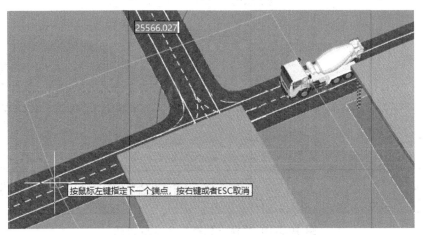

图 10.3-8 路径绘制示意图

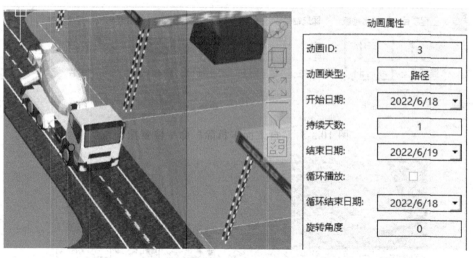

图 10.3-9  路径绘制属性栏位置图

提示：此时因泵车运动时间较短，若一秒转化为天的数值较大，那么泵车的运动动画将会播放不完全，建议将数值设置为"1"或将泵车的运动时间调大。

### 10.3.2  视点保存

视点保存是在项目制作时若发现有较好的视图可以先保存下来,方便在项目汇报时可以快速调出视图用于汇报。

左键单击视点保存，调整到需要的视图再点击保存视点，如图 10.3-10。保存视点后，右侧会出现保存的视点名称，如图 10.3-11。右键单击左键单击视点 1 将视点 1 重命名。

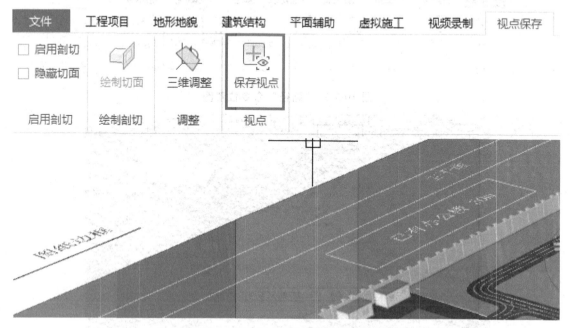

图 10.3-10  "视点保存"命令位置图

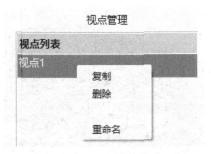

图 10.3-11　视点保存位置图

剖面视图：左键单击启用剖面再左键单击绘制剖面，如图 10.3-12。更改剖面视图的标高，如图 10.3-13。绘制剖面视图，如图 10.3-14。

图 10.3-12　"绘制切面"命令位置图

图 10.3-13　绘制切面对话框

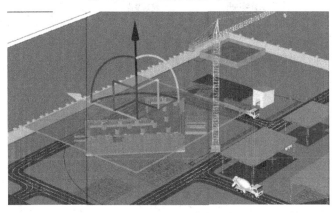

图 10.3-14　绘制切面示意图

左键单击三维调整剖面的三维状态，可将三维视图平移、旋转等，如图 10.3-15。注：若视图很小不知道在哪里时，双击鼠标滚轮键将视图缩小。

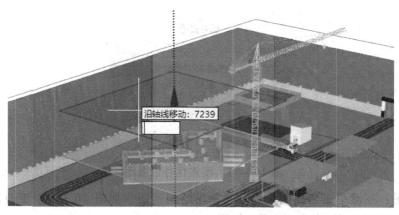

图 10.3-15　切面调整示意图

### 10.3.3　漫游视频制作

漫游视频分为关键帧视频和路线漫游视频，关键帧视频是通过设置关键帧来生成漫游视频的，路线漫游是通过模拟人行走路线来生成漫游视频。

路线漫游视频制作：左键单击视频录制，点击动画设置，如图 10.3-16。左键单击路线漫游，设置漫游时的行走速度及离地高度等，如图 10.3-17，设置后左键单击确定绘制漫游路线。

图 10.3-16　"动画设置"命令位置图

图 10.3-17　动画设置对话框 1

左键单击绘制路线，如图 10.3-18。

提示：绘制漫游路径时在俯视图下绘制。依次点击漫游路径上的点，完成后鼠标右键单击确定。点击预览，如图 10.3-19，预览制作的漫游视频。

图 10.3-18 "绘制线路"命令位置图

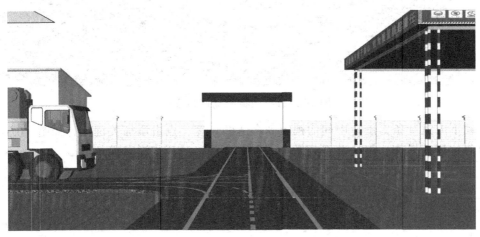

图 10.3-19 预览视角

关键帧漫游视频制作：点击动画设置，选择关键帧动画，点击确定，如图 10.3-20。下方进度条为添加关键帧的进度条，也是漫游视频的时长进度条，上方进度条为施工日期的进度条，拖动进度条可以显示相应时间下施工进度，中间为添加关键帧的视图，如图 10.3-21。

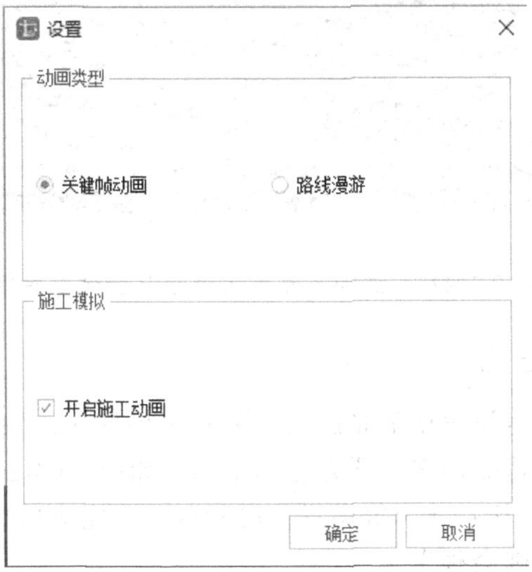

图 10.3-20 动画设置对话框 2

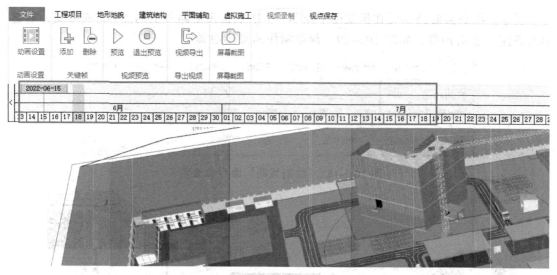

图 10.3-21　关键帧动画界面图

　　拖动下方进度条，旋转中间的视图到合适的角度，点击添加关键帧，如图 10.3-22。依次重复这样的操作，将漫游视频做出。点击预览按钮预览漫游视频。

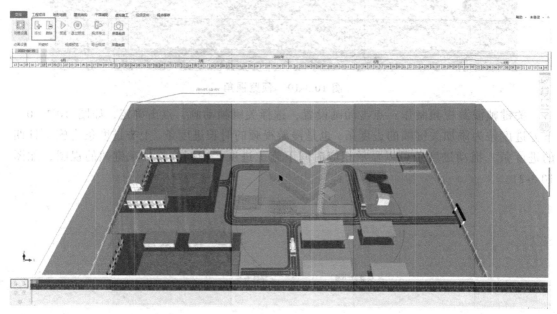

图 10.3-22　"添加及删除关键帧"命令位置图

## 10.3.4　漫游视频导出

　　在漫游视频导出前可将设置中的光影以及云彩渐变打开，如图 10.3-23。使导出的漫游视频更加真实。将背景特效勾选打开光影和太阳，如图 10.3-23。点击其他设置将 LOD 优化开启，如图 10.3-24。注：光影等设置开启所以工作完成后导出视频前开启，开启光影需要电脑的配置高，否则会很卡。

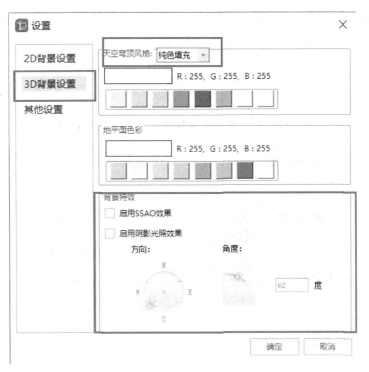

图 10.3-23　系统设置界面 1

图 10.3-24　系统设置界面 2

　　左键单击视频导出，如图 10.3-25。选择文件储存位置及视频分辨率，如图 10.3-26。命名视频文件及选择视频文件格式，如图 10.3-27。左键单击确定等待视频生成。

图 10.3-25 "漫游视频导出"命令按钮位置图

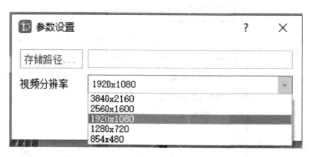

图 10.3-26 漫游视频导出对话框

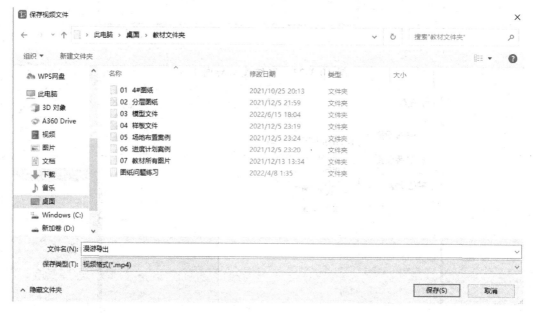

图 10.3-27 漫游视频保存位置示意图

第 11 章

# 斑马进度计划软件

概述：广联达斑马进度计划软件为工程建设领域中专业、智能、易用的进度计划管理（PDCA）工具与服务，通过一表多图（双代号网络图+横道图等）+关键线路+前锋线，辅助项目快速有效定制合理的进度计划，打通 PDCA 循环，可以便利地实现进度计划的动态跟踪管控与优化，增强企业与项目竞争力，降低履约风险。

本章主要通过实际的案例操作，讲解使用广联达斑马进度计划软件绘制进度计划以及添加资源调整等功能的方法和步骤，案例为"某小区进度计划"，要求掌握绘制进度计划的方法。

## 11.1 绘制网络进度计划

### 11.1.1 新建空白计划

启动斑马进度计划 2021 软件，左键单击软件界面左上角的"新建空白计划"按钮，在弹出的窗口中依次填写"计划名称"，"标签"，"计划简介"，点击"要求开始时间"一栏在弹出的时间表中选择项目的开始时间，在"要求总工期"一栏填入项目总工期，软件会自动算出并录入"要求完成时间"，"排网方式"根据具体项目要求，默认为"越早越好"，"存储位置"选择"本地"，如图 11.1-1 所示。

图 11.1-1　新建项目界面

完成上述操作后点击"创建"，完成空白计划创建。

175

### 11.1.2 整体页面介绍

打开空白计划后，左上角有"快速访问工具栏"点击末尾小三角可以自定义快速访问工具栏，如图 11.1-2 所示。

图 11.1-2  项目快速功能

再往下软件有五个页签，分别是"文件"页签，项目的新建、打开、保存、导出、打印；"计划"页签，软件常用的功能按钮；"资源"页签，用于为计划图添加资源；"管控"页签，用于为计划进行管控调整；"帮助"页签，用于查看快捷键以及软件版本号。如图 11.1-3 所示。

图 11.1-3  项目页签

页签下是编制区，分为左右两边，左侧为表格编制区，右侧为双代号网络图编制区；在一侧对计划进行编制会在另一侧以相应的形式显示出来，也就是说有两个编制区是联动的，如图 11.1-4 所示。

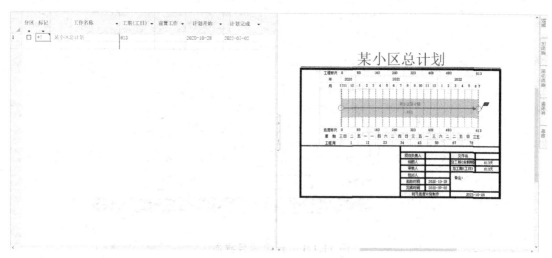

图 11.1-4  项目整体界面

### 11.1.3 基本功能介绍

#### 1. 设置假期

在"计划"页签下找到并点击"日历",在弹出对话框中点击"插入",填入假期"名称"及"开始"和"完成"时间,软件会自动计算"持续时间",填入完成后点击"确定",完成假期设置。如图 11.1-5、图 11.1-6 所示。

图 11.1-5 "日历"功能位置

图 11.1-6 日历属性设置界面

#### 2. 添加工作

增加工作的方式有很多种,列举比较常用的三种。第一种:将鼠标放置在左侧单元格空白位置,双击鼠标左键,如图 11.1-7 所示;在弹出的对话框中可以更改工作"名称"、"工期"、"类型"、计划开始和完成时间,更改完成后,点击"确定",完成增加工作。

图 11.1-7 添加工作位置

也可以在右侧网络图中按住鼠标左键往右拖拽一段距离松开,来增加一项工作,双击此工作弹出对话框可对此工作进行编辑。如图 11.1-8 左键单击工作会出现灰色方框,双击会出现如图 11.1-9 的对话框。

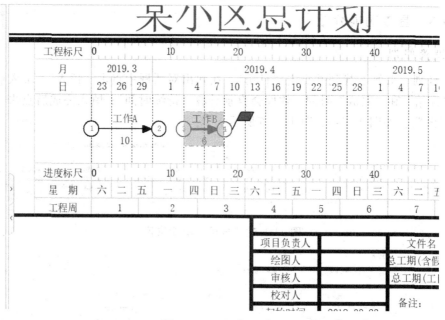

图 11.1-8　添加工作

图 11.1-9　工作信息卡界面

添加工作后软件会自动识别关键工作，在表格"标记"一列加上"*"，并将关键工作列表中的文字和时标网络图的颜色改为红色。

如果需要在两个工作之间插入一项工作，可以先点击两个工作中下面一列工作的任意表格，点击"计划"页签下的"工作"在两项工作之间插入一项工作。如图 11.1-10 所示。

图 11.1-10 "工作"功能位置

### 3．删除工作

首先点击工作首列序号行选需要删除的工作，点击"计划"页签下的"删除"，或者按"delete"键，在弹出的对话框中点"确定"，完成删除工作。如图 11.1-11 所示。

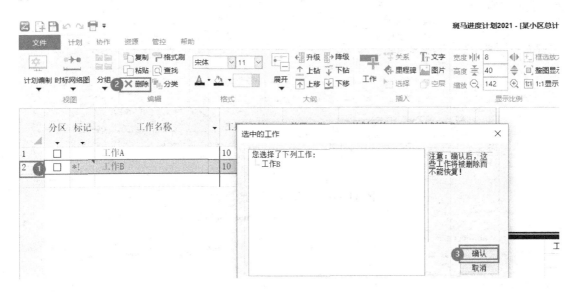

图 11.1-11 删除工作步骤

可以在网络图里选中工作后，按照相同的方式删除工作。

### 4．移动工作

行选需要移动的工作，点击"计划"页签下"上移"或"下移"对该工作进行移动，也可以在行选工作后，再在首列序号按住鼠标左键将工作进行上下拖拽移动。如图 11.1-12 所示。

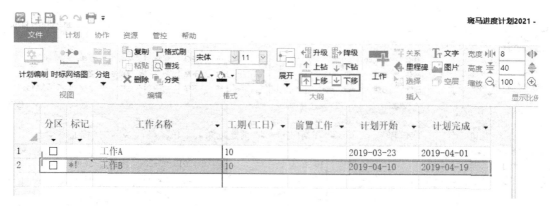

图 11.1-12 "上移""下移"功能位置

## 5. 父工作和子工作的创建

选中需要创建为父工作的工作，在"计划"页签下点击"下钻"，如图 11.1-13，会进入此工作进行编辑，如图 11.1-14，只需在此工作中添加工作即为此工作添加了子工作。

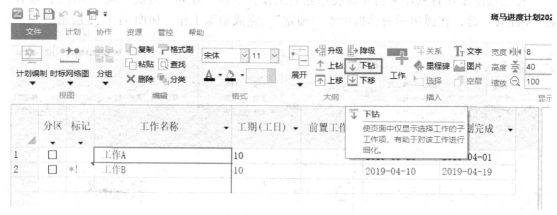

图 11.1-13 "下钻"功能位置

为工作A添加了工作C和工作D

图 11.1-14 工作添加完成后效果

完成子工作的创建后点击"下钻"左边的"上钻"按钮，回到总计划编辑，此时父工作 A 的字体会加粗显示，点击父工作 A 前面的小三角可以将父工作 A 进行折叠和展开。同时父工作在时标网络图中会以双实线展示。如图 11.1-15 所示。

图 11.1-15　展开功能展示

除此之外还有方法，创建三个工作 ABC，在序号列按住鼠标左键行选工作 BC，如图 11.1-16，再点击"计划"页签下的"降级"，将工作 BC 变为工作 A 的子工作，如图 11.1-17 所示。

图 11.1-16　工作降级步骤 1

图 11.1-17　工作降级步骤 2

行选工作 BC 后，点击"降级"旁的"升级"可以将工作 BC 与工作 A 变回同级工作。值得注意的是，父工作展开时，在父工作下方添加新的工作默认为该父工作的子工作，想要添加与该父工作平级的工作，可以将该父工作折叠后在其下方添加新工作或者在该父工作上方添加新工作。

### 11.1.4 编制进度计划

在编制进度计划之前，首先根据项目类型来对项目进行拆分，例如：房建项目可分为专业-楼栋-工作或者楼栋-专业-工作；这样拆分的目的主要是清楚如何划分父工作、子工作。本案例采用楼栋-专业-工作来编制进度计划。

新建项目并设置假期后，根据案例创建三项工作分别改名为"某小区总计划"、"1#楼"、"地基与基础"，如图 11.1-18 所示。

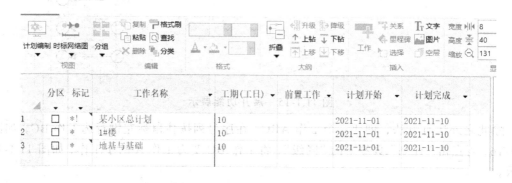

图 11.1-18 更名完成后效果

点击"地基与基础"再点击"降级"使"地基与基础"成为"1#楼"的子工作，再点击"1#楼"点击"降级"使"1#楼"成为"某小区总计划"的子工作。如图 11.1-19 所示。

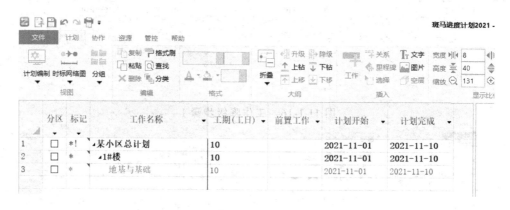

图 11.1-19 子工作完成后效果

注意只更改父工作的工作名称，不更改父工作的工期和计划开始完成时间，软件会根据子工作时间进行自动计算。根据案例为"地基与基础"创建子工作，如图 11.1-20 所示。

| | 分区 | 标记 | 工作名称 | ▼ | 工期(工日) | ▼ | 前置工作 | ▼ | 计划开始 | ▼ | 计划完成 | ▼ |
|---|---|---|---|---|---|---|---|---|---|---|---|---|
| | ☐ | ▼ | | | | | | | | | | |
| 1 | ☐ | * | ◢某小区总计划 | | 30 | | | | 2020-03-23 | | 2020-04-21 | |
| 2 | ☐ | * | ◢1#楼 | | 30 | | | | 2020-03-23 | | 2020-04-21 | |
| 3 | ☐ | * | ◢地基与基础 | | 30 | | | | 2020-03-23 | | 2020-04-21 | |
| 4 | ☐ | * | 施工准备 | | 30 | | | | 2020-03-23 | | 2020-04-21 | |
| 5 | ☐ | | 土方开挖及基坑支撑 | | 20 | | | | 2020-03-23 | | 2020-04-11 | |
| 6 | ☐ | | 清验槽 | | 4 | | | | 2020-03-23 | | 2020-03-26 | |
| 7 | ☐ | | 垫层 | | 2 | | | | 2020-03-23 | | 2020-03-24 | |
| 8 | ☐ | | 防水及保护层 | | 4 | | | | 2020-03-23 | | 2020-03-26 | |
| 9 | ☐ | | 基础施工 | | 10 | | | | 2020-03-23 | | 2020-04-01 | |
| 10 | ☐ | * | 地下式结构 | | 30 | | | | 2020-03-23 | | 2020-04-21 | |

图 11.1-20　地基与基础的子工作完成后效果

注意只需要更改子工作的"工期","计划开始"和"计划完成"不用更改。

根据案例为子工作添加"前置工作",在"前置工作"列填上该工作对应前置工作的"序号"。如图 11.1-21 所示。实际工程中,工作会提前或者延后,在"前置工作"中输入"前置工作序号±推迟或提前工日"实现。

| | 分区 | 标记 | 工作名称 | ▼ | 工期(工日) | ▼ | 前置工作 | ▼ | 计划开始 | ▼ | 计划完成 | ▼ |
|---|---|---|---|---|---|---|---|---|---|---|---|---|
| 1 | ☐ | * | ◢某小区总计划 | | 40 | | | | 2020-03-23 | | 2020-05-01 | |
| 2 | ☐ | * | ◢1#楼 | | 40 | | | | 2020-03-23 | | 2020-05-01 | |
| 3 | ☐ | * | ◢地基与基础 | | 40 | | | | 2020-03-23 | | 2020-05-01 | |
| 4 | ☐ | * | 施工准备 | | 30 | | | | 2020-03-23 | | 2020-04-21 | |
| 5 | ☐ | * | 土方开挖及基坑支撑 | | 20 | | 4FS-10工日 ▼ | | 2020-04-12 | | 2020-05-01 | |
| 6 | ☐ | | 清验槽 | | 4 | | | | 2020-03-23 | | 2020-03-26 | |
| 7 | ☐ | | 垫层 | | 2 | | | | 2020-03-23 | | 2020-03-24 | |
| 8 | ☐ | | 防水及保护层 | | 4 | | | | 2020-03-23 | | 2020-03-26 | |
| 9 | ☐ | | 基础施工 | | 10 | | | | 2020-03-23 | | 2020-04-01 | |
| 10 | ☐ | | 地下式结构 | | 30 | | | | 2020-03-23 | | 2020-04-21 | |

图 11.1-21　更改前置工作完成图 1

如图 11.1-21 所示,"土方开挖及基坑支撑",此工作提前前置工作 10 个工日,在"前置工作"中输入"4-10",软件会自动识别为"4FS-10 工日"。

当工作不止一个前置工作时,在"前置工作"中输入"前置工作 1 序号,前置工作 2 序号"。

| 27 | ☐ | | 2层砌体结构 | 9 | 26 | | 2020-09-02 | 2020-09 |
|---|---|---|---|---|---|---|---|---|
| 28 | ☐ | | 3层砌体结构 | 10 | 27 | | 2020-09-11 | 2020-09 |
| 29 | ☐ | | 4层砌体结构 | 9 | 28 | | 2020-09-21 | 2020-09 |
| 30 | ☐ | | 5层砌体结构 | 9 | 29 | | 2020-09-30 | 2020-10 |
| 31 | ☐ | | 6层砌体结构 | 9 | 30 | | 2020-10-09 | 2020-10 |
| 32 | ☐ | | 7层砌体结构 | 9 | 31 | | 2020-10-18 | 2020-10 |
| 33 | ☐ | | 8层砌体结构 | 9 | 32 | | 2020-10-27 | 2020-11 |
| 34 | ☐ | * | 结构验收 | 3 | 23, 33 | ▼ | 2020-11-13 | 2020-11 |

图 11.1-22　更改前置工作完成图 2

如图 11.1-22 所示,"结构验收"有两个前置工作,只需在"前置工作"中输入两个前置工作的序号用逗号隔开。

面对前置工作序号为升序、降序或者所有数字一样的情况,可以采用下拉填充,即首先输入前两个工作的前置工作序号,框选这两个序号格,将鼠标移动到框选的右下角,直到鼠标变为十字形状,按住鼠标左键拖动至目标工作。如图 11.1-23、图 11.1-24、图 11.1-25 所示。这个拖拽功能不仅可以用于前置工作,也可以用于工作名称、工期。

图 11.1-23　下拉填充步骤 1

图 11.1-24　下拉填充步骤 2

图 11.1-25　下拉填充步骤 3

完成后，"地基与基础"的工作就编制完成，还需要为"地基与基础"添加一个里程碑事件，里程碑事件就是这个工程的一些重要节点，比如正负零、主体结构封顶等。这些节点是一个瞬间点，不消耗资源或时间，在软件中里程碑事件是以"!"作为标记。继续为"地基与基础"创建一个里程碑事件"正负零"。

在工作"地下式结构"下双击空白表格创建一个新的工作，在弹出的"工作信息卡"中，将"名称"改为"正负零"，将"类型"改为"里程碑"。如图 11.1-26 所示。

图 11.1-26　工作信息卡界面设置

除了这个方法，也可以行选一项工作后，点击"计划"页签下的"插入"模块中的"里程碑"，点击后会在该工作上方添加一个里程碑事件，只需对该里程碑事件进行更改编辑，如图 11.1-27 所示。

图 11.1-27　"里程碑"功能位置

创建后，为"正负零"添加逻辑关系，即将"正负零"的"前置工作"改为"10"。添加"里程碑"后可以在右侧"预警"看到当前"里程碑"距离项目完成的时间，如图11.1-28所示。

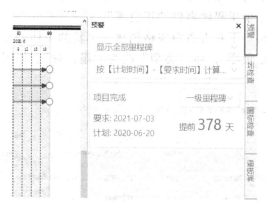

图 11.1-28 "预警"功能位置

如图所示"正负零"里程碑并没有出现在"预警"里，想要"正负零"在"预警"里显示，需要双击"正负零"里程碑，在弹出的"工作信息卡"中选择"高级"页签，填写"要求完成"时间，点击"确定"，该里程碑就在"预警"里显示了。如图11.1-29、图11.1-30所示。

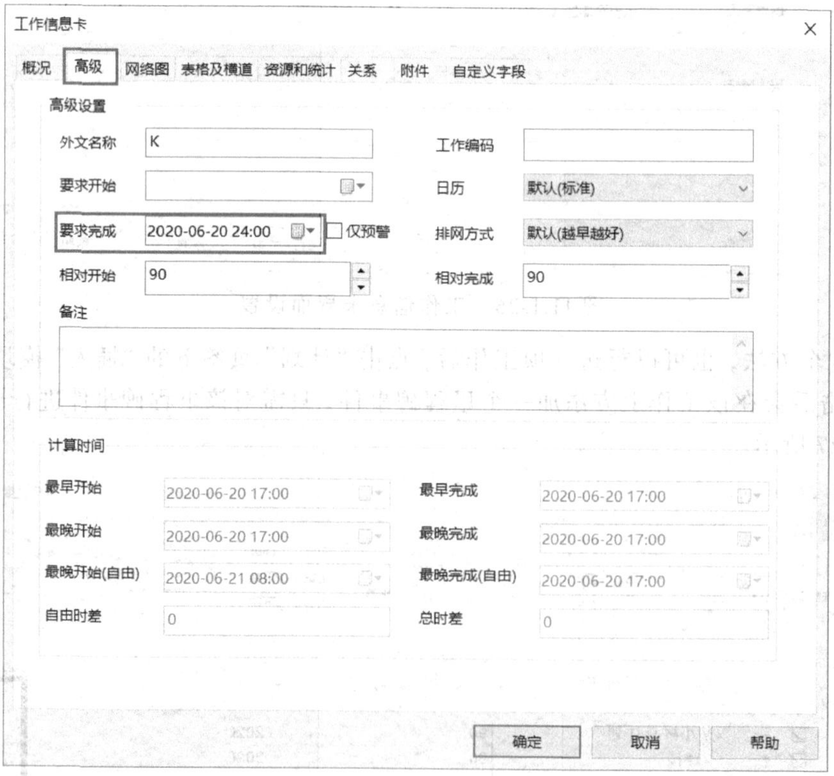

图 11.1-29 更改预警工作信息卡界面

图 11.1-30    更改预警完成后效果

除此之外，可以为里程碑设置级别，默认为一级，点击"以及里程碑"右边的小三角下拉选择级别。

为网络计划图更美观，可以点击表格上"分区"下的小三角，选择"所有父工作设为分区"，使得整体计划更清晰，如图 11.1-31 所示。

| 分区 | 标记 | 工作名称 | 工期(工日) | 前置工作 | 计 |
|---|---|---|---|---|---|
| 所有父工作设为分区 | | 区总计划 | 90 | | 2020 |
| 至层级1设为分区 | | 委 | 90 | | 2020 |
| 至层级2设为分区 | | 基与基础 | 90 | | 2020 |
| 至层级3设为分区 | | 施工准备 | 30 | | 2020 |
| 至层级4设为分区 | | 土方开挖及基坑支撑 | 20 | 4FS-10工日 | 2020 |
| 至层级5设为分区 | | 清验槽 | 4 | 5 | 2020 |
| 至层级6设为分区 | | 垫层 | 2 | 6 | 2020 |
| 至层级7设为分区 | | 防水及保护层 | 4 | 7 | 2020 |
| 至层级8设为分区 | | 基础施工 | 10 | 8 | 2020 |
| 至层级9设为分区 | | 地下式结构 | 30 | 9 | 2020 |
| 取消所有分区 | | 正负零 | 0 | 10 | 2020 |

图 11.1-31    "分区"功能位置

想使时标网络图布局更美观可以选择"计划"页签下"布图"，先在"调图设置"中设置数值，点击"智能调图"。如图 11.1-32 所示。

图 11.1-32    "智能调图"位置

在"计划"页签下，"显示比例"板块还可调节时标网络图的比例，如图 11.1-33 所示。

图 11.1-33　调图界面

继续按照案例完成"1#楼"时标网络图的编制。

本工程共有三栋楼，三栋楼的工作完全一致，可以复制编制完成的 1#楼，首先点击 1#楼旁边的小三角对 1#楼进行折叠，行选 1#楼，右键单击"复制"，再行选 1#楼下的空白表格后，在空白表格位置，右键单击点击"粘贴"。如图 11.1-34、图 11.1-35 所示。

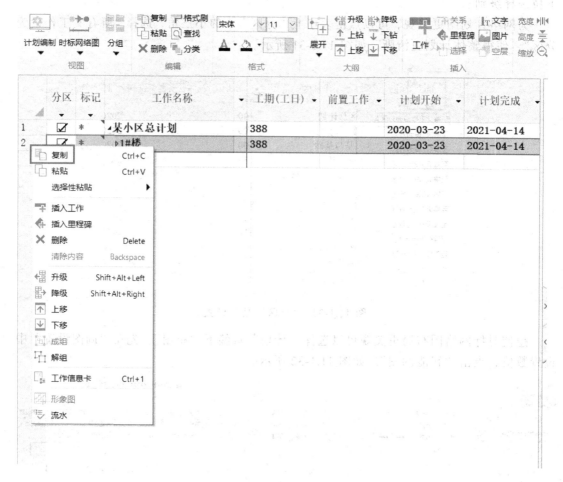

图 11.1-34　复制工作

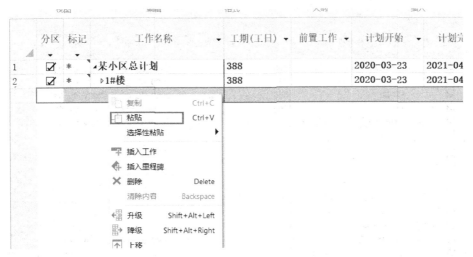

图 11.1-35  粘贴工作

复制完成后，将复制的"1#楼"名称改为"2#楼"，将"2#楼"展开，因为一个工程只有一次施工准备，将"施工准备"工作删除，行选"施工准备"按"delete"删除。

接着将 2#楼"土方开挖及基坑支护"工作的"前置工作"也就是 1#楼"土方开挖及基坑支护"的"序号"填入"前置工作"中。如图 11.1-36 所示。

| | 分区 | 标记 | 工作名称 | 工期(工日) | 前置工作 | 计划开始 | 计划完成 |
|---|---|---|---|---|---|---|---|
| 1 | ☑ | * | ◢某小区总计划 | 428 | | 2020-03-23 | 2021-05-24 |
| 2 | ☑ | | ▷1#楼 | 388 | | 2020-03-23 | 2021-04-14 |
| 43 | ☑ | | ◢2#楼 | 368 | | 2020-05-02 | 2021-05-04 |
| 44 | ☑ | | ◢地基与基础 | 70 | | 2020-05-02 | 2020-07-10 |
| 45 | ☐ | * | 土方开挖及基坑支护 | 20 | 5 | 2020-05-02 | 2020-05-21 |
| 46 | ☐ | | 清验槽 | 4 | 45 | 2020-05-22 | 2020-05-25 |
| 47 | ☐ | | 垫层 | 2 | 46 | 2020-05-26 | 2020-05-27 |
| 48 | ☐ | | 防水及保护层 | 4 | 47 | 2020-05-28 | 2020-05-31 |
| 49 | ☐ | | 基础施工 | 10 | 48 | 2020-06-01 | 2020-06-10 |
| 50 | ☐ | | 地下室结构 | 30 | 49 | 2020-06-11 | 2020-07-10 |
| 51 | ☐ | ! | 正负零 | 0 | 50 | 2020-07-10 | 2020-07-10 |

图 11.1-36  填写前置工作序号

除此之外，需要把"2#楼"中里程碑事件的"要求完成"时间进行更改，双击里程碑事件，在"工作信息卡"中的"高级"中将"要求完成"更改。

"3#楼"也是用这种方法进行更改编辑。将复制的"1#楼"名称改为"3#楼"，将"3#楼"展开，因为一个工程只有一次施工准备，将"施工准备"工作删除，行选"施工准备"按"delete"删除。接着将 3#楼"土方开挖及基坑支护"工作的"前置工作"也就是 2#楼"土方开挖及基坑支护"的"序号"填入"前置工作"中。如图 11.1-37、图 11.1-38 所示。

| | 视图 | | 编辑 | | 格式 | | 大纲 | | 插入 | | 显示比例 |

| | 分区 | 标记 | 工作名称 | 工期(工日) | 前置工作 | 计划开始 | 计划完成 |
|---|---|---|---|---|---|---|---|
| 1 | ☑ | * | ▲某小区总计划 | 468 | | 2020-03-23 | 2021-07-03 |
| 2 | ☑ | | ▷1#楼 | 388 | | 2020-03-23 | 2021-04-14 |
| 43 | ☑ | | ▷2#楼 | 368 | | 2020-05-02 | 2021-05-04 |
| 83 | ☑ | * | ▲3#楼 | 468 | | 2020-03-23 | 2021-07-03 |
| 84 | ☑ | | ▲地基与基础 | 130 | | 2020-03-23 | 2020-07-30 |
| 85 | ☐ | | 施工准备 | 30 | | 2020-03-23 | 2020-04-21 |
| 86 | ☐ | * | 土方开挖及基坑支护 | 20 | 45 | 2020-05-22 | 2020-06-10 |
| 87 | ☐ | * | 清验槽 | 4 | 86 | 2020-06-11 | 2020-06-14 |
| 88 | ☐ | * | 垫层 | 2 | 87 | 2020-06-15 | 2020-06-16 |
| 89 | ☐ | * | 防水及保护层 | 4 | 88 | 2020-06-17 | 2020-06-20 |
| 90 | ☐ | * | 基础施工 | 10 | 89 | 2020-06-21 | 2020-06-30 |
| 91 | ☐ | * | 地下室结构 | 30 | 90 | 2020-07-01 | 2020-07-30 |
| 92 | ☐ | ! | 正负零 | 0 | 91 | 2020-07-30 | 2020-07-30 |
| 93 | ☐ | * | ▲主体结构 | 145 | | 2020-07-31 | 2020-12-22 |
| 94 | ☐ | * | 1层钢筋混凝土结构 | 20 | 91 | 2020-07-31 | 2020-08-19 |
| 95 | ☐ | * | 2层钢筋混凝土结构 | 15 | 94 | 2020-08-20 | 2020-09-03 |

"DELETE" 键删除

图 11.1-37 "Delete" 键删除重复工作

| | 分区 | 标记 | 工作名称 | 工期(工日) | 前置工作 | 计划开始 | 计划完成 |
|---|---|---|---|---|---|---|---|
| 1 | ☑ | * | ▲某小区总计划 | 468 | | 2020-03-23 | 2021-07-03 |
| 2 | ☑ | | ▷1#楼 | 388 | | 2020-03-23 | 2021-04-14 |
| 43 | ☑ | | ▷2#楼 | 368 | | 2020-05-02 | 2021-05-04 |
| 83 | ☑ | * | ▲3#楼 | 408 | | 2020-05-22 | 2021-07-03 |
| 84 | ☑ | | ▲地基与基础 | 70 | | 2020-05-22 | 2020-07-30 |
| 85 | ☐ | * | 土方开挖及基坑支护 | 20 | 45 | 2020-05-22 | 2020-06-10 |
| 86 | ☐ | * | 清验槽 | 4 | 85 | 2020-06-11 | 2020-06-14 |
| 87 | ☐ | * | 垫层 | 2 | 86 | 2020-06-15 | 2020-06-16 |
| 88 | ☐ | * | 防水及保护层 | 4 | 87 | 2020-06-17 | 2020-06-20 |
| 89 | ☐ | | 基础施工 | 10 | 88 | 2020-06-21 | 2020-06-30 |

图 11.1-38 填入前置工作完成图

完成后，再添加一项"竣工验收"工作。因为双代号网络计划图中只有一个起点和终点，在竣工验收的"前置工作"中输入三栋楼的最后一项工作的序号。如图 11.1-39 所示。

| | 分区 | 标记 | 工作名称 | 工期(工日) | 前置工作 | 计划开始 | 计划完成 |
|---|---|---|---|---|---|---|---|
| 112 | ☐ | | 7层砌体结构 | 9 | 111 | 2020-11-27 | 2020-12-05 |
| 113 | ☐ | | 8层砌体结构 | 9 | 112 | 2020-12-06 | 2020-12-14 |
| 114 | ☐ | * | 结构验收 | 3 | 103,113 | 2020-12-23 | 2020-12-25 |
| 115 | ☐ | | ▲装饰装修工程 | 120 | | 2020-12-26 | 2021-04-24 |
| 116 | ☐ | | 粗装修 | 40 | 114 | 2020-12-26 | 2021-02-03 |
| 117 | ☐ | | 外墙装修 | 100 | 114 | 2020-12-26 | 2021-04-04 |
| 118 | ☐ | | 精装修 | 80 | 116 | 2021-02-04 | 2021-04-24 |
| 119 | ☐ | * | ▲机电工程 | 150 | | 2020-12-26 | 2021-05-24 |
| 120 | ☐ | * | 机电安装 | 80 | 114 | 2020-12-26 | 2021-03-15 |
| 121 | ☐ | * | 机电工程调试 | 60 | 120 | 2021-03-16 | 2021-05-14 |
| 122 | ☐ | * | 室外工程 | 10 | 117,118,121 | 2021-05-15 | 2021-05-24 |
| 123 | ☐ | * | 竣工验收 | 40 | 42,82,122 | 2021-05-25 | 2021-07-03 |

图 11.1-39 前置工作完成图

三栋楼的计划编制完成后，在具体项目中，可以灵活应用这种复制粘贴的方法，能够节省很多时间和精力。

## 11.2 添加资源及调整

### 11.2.1 添加资源

绘制完进度计划后，往往会对工程资源进行调整，斑马进度计划软件支持对工作进行批量的资源添加，本节进行简单的资源添加教学及练习。

首先，点击"计划"页签下的"编辑"模块的"查找"或是使用快捷键"Ctrl+F"，弹出"查找替换"对话框。如图 11.2-1、图 11.2-2 所示。

图 11.2-1 "查找"功能位置

图 11.2-2 "查找"功能界面

在"查找内容中"输入关键字，以"砌体结构施工"为例；输入"砌体结构施工"之后点击"查找全部"，再点击"关闭"，软件会将所有楼栋的"砌体结构施工"选上，如图 11.2-3、图 11.2-4 所示。

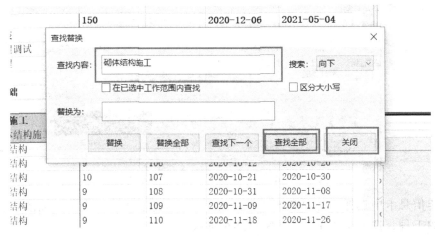

图 11.2-3 填入查找内容

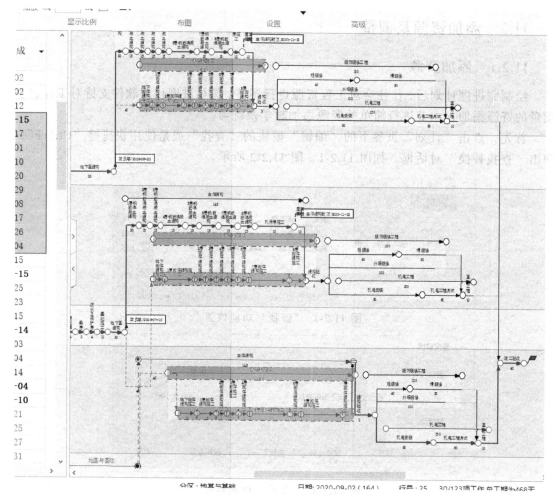

图 11.2-4　查找完成图

完成上述步骤后，点击"计划"页签下，"设置"模块中的"工作信息"，或使用快捷键"Ctrl+1"，以打开"工作信息卡"，如图 11.2-5 所示。

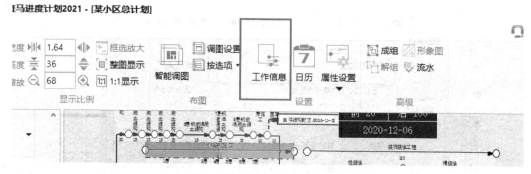

图 11.2-5　"工作信息卡"打开方式

在工作信息卡中选择"资源和统计"页签，在"资源名称"中点击后面的小三角下拉选择需要的工种，选"砌筑工"，如图 11.2-6 所示。

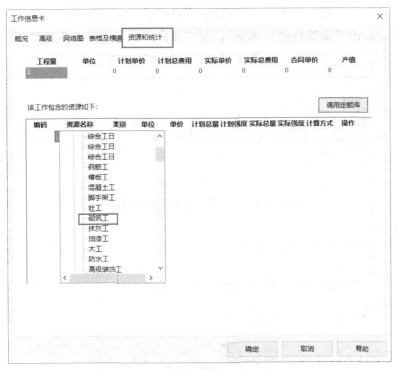

图 11.2-6　工作信息卡-资源和统计-砌筑工

需要更改本项资源的"计划强度","计划强度"代表一层所需劳动力的数量,输入"10",点击"确定"就为砌体结构工程添加了这一项资源,如图 11.2-7 所示。

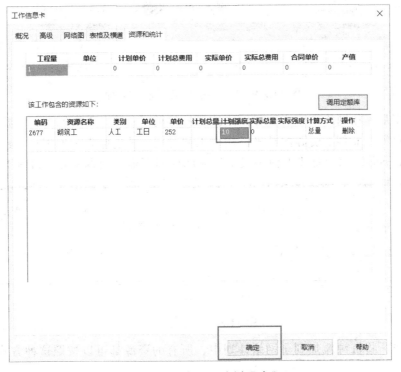

图 11.2-7　填写"计划强度"

完成后，点击"资源"页签下"资源图"模块的"资源图设置"，在弹出的"属性设置"对话框中，点击"添加挂接资源图"，在"资源名称"中点击小三角下拉选择刚才添加的"砌筑工"，点击"确定"，如图 11.2-8、图 11.2-9 所示。

图 11.2-8  "资源图设置"功能位置

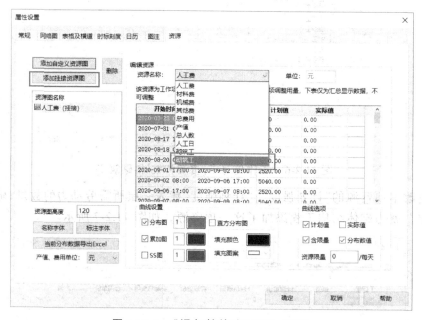

图 11.2-9  "添加挂接资源图"界面

点击确定后，在网络图下方会显示刚才所挂接的"砌筑工"资源图，资源图分为累加曲线和所需资源示意线，资源图横坐标代表工程时间，纵坐标表示人工日，累加曲线表示人工日累计，所需资源示意线上数字表示该时间区间所需的资源数量，如图 11.2-10 所示。

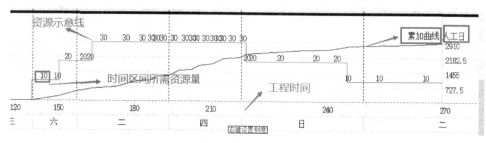

图 11.2-10  资源图

以上操作，将资源添加到了网络计划中，所有的资源都可以按照这种方式进行添加。

## 11.2.2 资源智能优化

软件可以对资源进行智能优化，分为"工期固定资源均衡"和"资源限量工期最短"两种方式，在"资源"页签下"智能优化"模块中可以选择。如图 11.2-11 所示。

图 11.2-11 "智能优化"功能位置

"工期固定资源均衡"是通过增加工程时差的方式，在保证总工期不变的情况下，尽可能减少该资源曲线的波动范围和幅度，使资源均衡。操作步骤：点击"工期固定资源均衡"，在弹出的对话框中，勾选需要优化的资源，再点击"确定"。如图 11.2-12 所示。

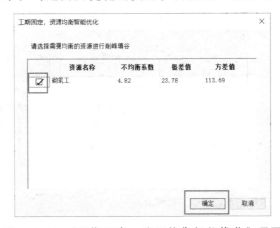

图 11.2-12 "工期固定，资源均衡智能优化"界面

"资源限量工期最短"是在有限的资源下，均衡资源使工期最短。操作步骤：点击"资源限量工期最短"，在弹出的对话框中，勾选需要优化的资源，并填入"资源限量"数额，点击"确定"完成"资源限量工期最短"优化，如图 11.2-13 所示。

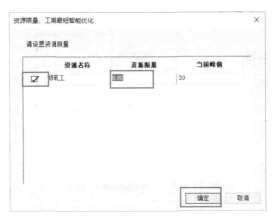

图 11.2-13 "资源限量，工期最短智能优化"界面

## 11.3 打印出图

在网络计划打印之前首先对打印纸张进行调整，点击"文件"页签下的"打印设置"，可以对打印纸张大小和页边距进行修改，修改完成后点击"确定"，如图 11.3-1、图 11.3-2 所示。

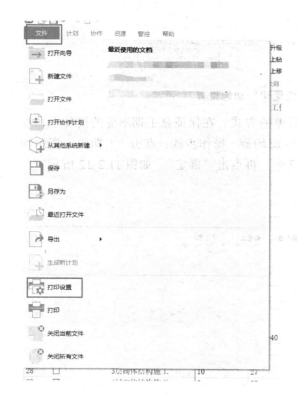

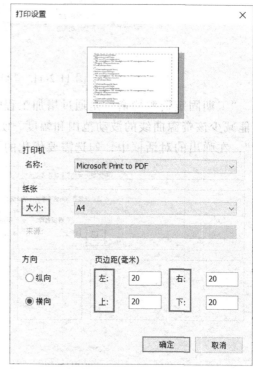

图 11.3-1 "打印设置"功能位置　　　　　图 11.3-2 "打印设置"界面

完成后还可以对出图字体大小进行调整，点击"计划"页签下"设置"模块中的"属性设置"，或者在网络计划图空白位置点击鼠标右键单击。如图 11.3-3，会出现如图 11.3-4 的对话框。

图 11.3-3 "属性设置"位置

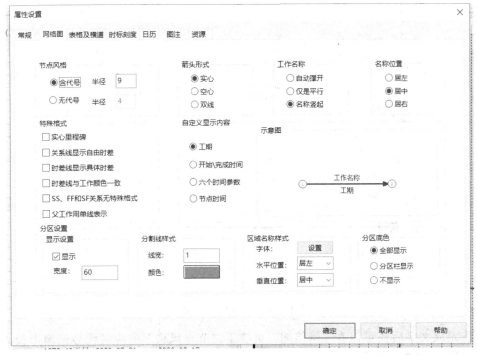

图 11.3-4 "属性设置"界面 1

在对话框"常规"页签下找到"字体"模块，在字体模块可以调整网络图或者表格中各种工作的文字大小、字形、字体等，如图 11.3-5、图 11.3-6 所示。

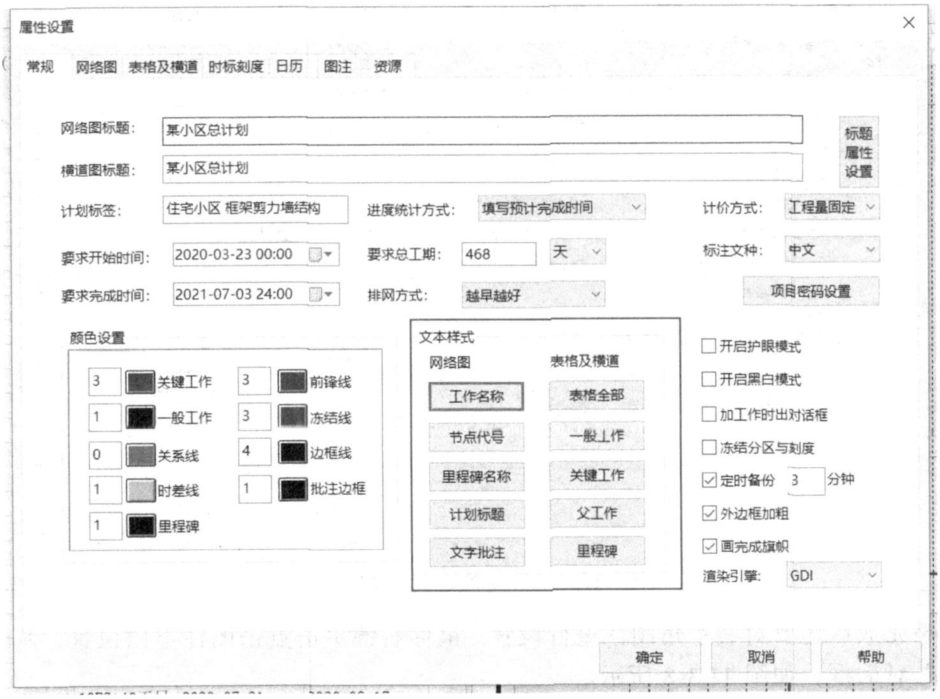

图 11.3-5 "属性设置"界面 2

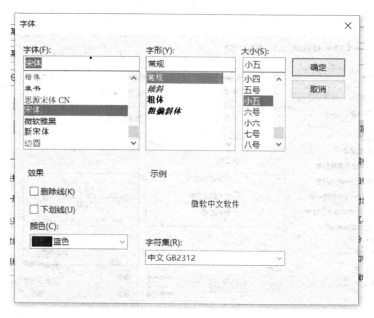

图 11.3-6 "字体"界面

调整完成文字后还可以在"网络图"页签下"节点风格"模块对代号圆圈半径大小进行调整，如图 11.3-7 所示。

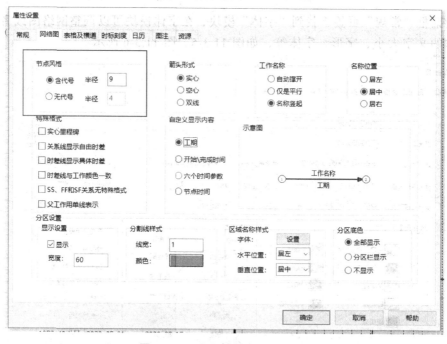

图 11.3-7 "属性设置"界面 3

调整完成后还要对右下角图注进行设置，鼠标右键单击点击图注空白位置，弹出"属性设置"对话框，如图 11.3-8 所示。

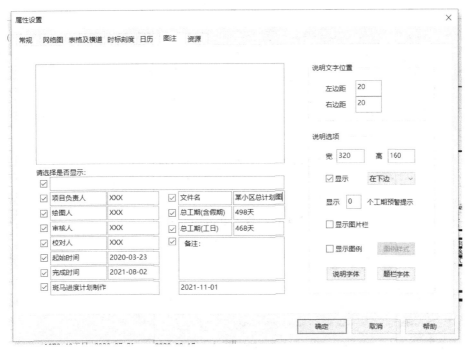

图 11.3-8　"属性设置"界面 4

按照对话框提示输入后点击"确定",完成图注设置。接着点击"文件"页签下的"打印"进入打印预览,如图 11.3-9 所示。点击打印预览左上角的打印出图。

图 11.3-9　"打印"功能位置

## 11.4　导入 Project 文件

除了手绘之外,软件还支持导入 Project 文件以自动生成网络图。首先打开斑马进度计划,点击"导入 Project",接着选择 Project 文件,点击"打开",如图 11.4-1、图 11.4-2 所示。

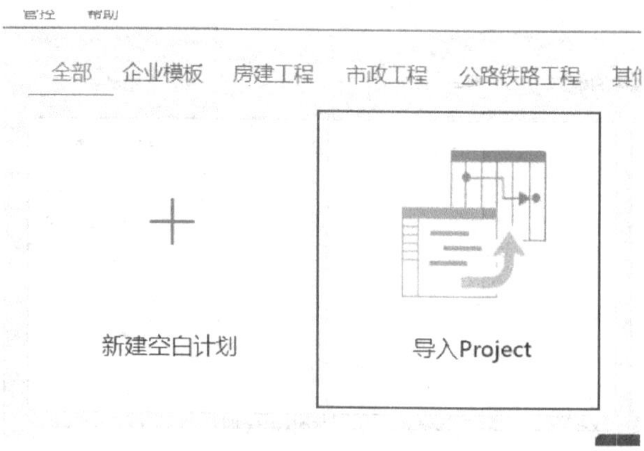

全部　企业模板　房建工程　市政工程　公路铁路工程　其他

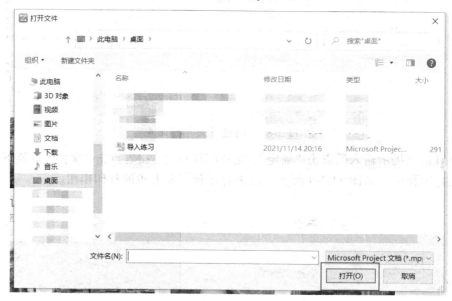

图 11.4-1　"导入 Project"界面

图 11.4-2　选择 Project 文件

导入后会有项目预览，软件会自动识别 Project 文件中的信息，在预览界面点击"创建"即创建好项目。如图 11.4-3 所示。

图 11.4-3　创建 Project 文件

创建完成后，首先将"分区"设置为"所有父工作设为分区"，如图11.4-4所示。再点击"计划"页签下的"布图"模块的"智能调图"完成项目计划图的基本设置。如图11.4-5所示。

图 11.4-4 "所有父工作设为分区"功能位置    图 11.4-5 "智能调图"功能位置图

导入基本的设置完成后，如图所示还有工作关系没有成功导入（如工作没有后续工作），则需要手动进行关系的创建。在网络计划图中，首先鼠标放在断点位置，如图11.4-6所示。

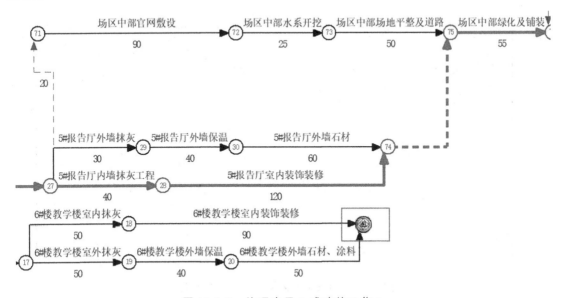

图 11.4-6 处理未导入成功的工作 1

出现如上图所示的光标后，鼠标左键拖拽到想要连接工作开始的节点，松开鼠标。此时创建了一个工作，双击该工作，出现工作信息卡，将类型改为"关系"，如图11.4-7所示。

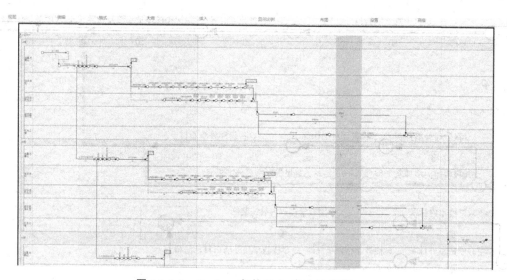

图 11.4-7 处理未导入成功的工作 2

完成所有步骤后，Project 文件就成功并且准确地导入了。效果如图 11.4-8 所示。

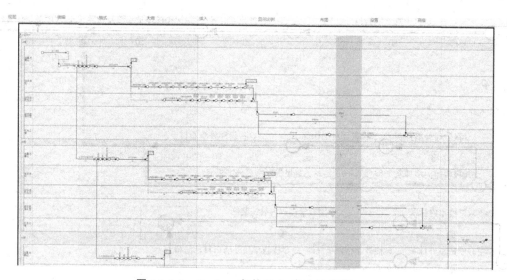

图 11.4-8 Project 文件导入成功效果图

# 参考文献

[ 1 ] 姚红媛，苏会人，吴比. Revit 2018 实用教程[M]. 北京：人民邮电出版社，2019.

[ 2 ] 李享，汤燕飞，贺嘉. BIM 技术应用：机电管线综合与项目管理[M]. 北京：清华大学出版社，2022.

[ 3 ] 王艳敏，杨玲明，等. BIM 机电设计 Revit 基础教程[M]. 北京：中国建筑工业出版社，2019.

[ 4 ] 章琛. 机电 BIM 进阶 101 问[M]. 北京：机械工业出版社，2022.

[ 5 ] 工业和信息化部教育与考试中心. 机电 BIM 应用工程师教程[M]. 北京：机械工业出版社，2019.

[ 6 ] 清华大学 BIM 课题组. 机电安装企业 BIM 实施标准指南[M]. 北京：中国建筑工业出版社，2015.

[ 7 ] 洪映泽，温世臣. BIM 技术应用：Revit 机电应用教程[M]. 湖北：武汉大学出版社，2018.

[ 8 ] 中华人民共和国住房和城乡建设部. 建筑信息模型应用统一标准：GB/T 51212—2016[S]. 北京：中国建筑工业出版社，2016.

[ 9 ] 中华人民共和国住房和城乡建设部. 建筑信息模型施工应用标准：GB/T 51235—2017[S]. 北京：中国建筑工业出版社，2017.

# 附　录　BIM 政策选录

国务院办公厅、国家部委以及地方政府先后推出相关 BIM 政策，推动 BIM 技术的落地。尤其是中华人民共和国住房和城乡建设部自 2011 年以来，不断出台 BIM 技术鼓励政策，通过政策影响各地建筑领域的相关部门对于 BIM 技术的重视。相关政策的发布为 BIM 技术的应用和发展提供了强有力的支撑和保障。现摘录部分近期政策如下。

## 中华人民共和国国务院办公厅

文件名称：国务院办公厅转发住房和城乡建设部关于印发"十四五"建筑业发展规划的通知

发布时间：2022 年 1 月 19 日

内容摘要：完善模数协调、构件选型等标准，建立标准化部品部件库，推进建筑平面、立面、部品部件、接口标准化，推广少规格、多组合设计方法，实现标准化和多样化的统一。加快推进建筑信息模型（BIM）技术在工程全寿命周期的集成应用，健全数据交互和安全标准，强化设计、生产、施工各环节数字化协同，推动工程建设全过程数字化成果交付和应用。

## 中华人民共和国国家发展和改革委员会

文件名称：国家发展改革委修订发布《产业结构调整指导目录（2019 年本）》

发布时间：2019 年 10 月 30 日

内容摘要：建筑信息模型（BIM）相关技术开发与应用被国家发改委纳入产业结构调整中。

## 中华人民共和国人力资源和社会保障部

文件名称：人力资源和社会保障部办公厅关于加强新职业培训工作的通知

发布时间：2021 年 5 月 6 日

内容摘要：加快新职业标准开发。组织制定新职业标准，同时面向社会广泛征集新职业标准或评价规范。组织开展新职业培训。根据区域经济社会发展需要，适应市场需求，坚持就业导向，突出能力建设，大力开展新职业培训特别是数字经济领域人才培养。加强新职业培训基础建设。加快新职业培训大纲、培训教材、教学课程、职业培训包等基础资源开发，引导社会力量积极参与。强化政策待遇落实。坚持以用为本，建立健全培养与使用相结合、评价与激励相联系的人才发展机制。

## 中华人民共和国教育部

文件名称：教育部等四部门印发《关于在院校实施"学历证书+若干职业技能等级证书"制度试点方案》

发布时间：2019 年 4 月 16 日

内容摘要：教育部、国家发展改革委、财政部、市场监管总局联合印发了《关于在院校实施"学历证书+若干职业技能等级证书"制度试点方案》（以下简称《试点方案》），部署启动"学历证书+若干职业技能等级证书"简称 1+x 证书制度试点工作。建筑信息模型（BIM）职业技能等级证书、Web 前端开发职业技能等级证书、物流管理职业技能等级证书、老年照护职业技能等级证书、汽车运用与维修职业技能等级证书和智能新能源汽车职业技能等级证书。

## 中华人民共和国住房和城乡建设部

文件名称：关于印发《住房和城乡建设部工程质量安全监管司 2019 年工作要点》的通知

发布时间：2019 年 2 月 15 日

内容摘要：推进 BIM 技术集成应用。支持推动 BIM 自主知识产权底层平台软件的研发。组织开展 BIM 工程应用评价指标体系和评价方法研究，进一步推进 BIM 技术在设计、施工和运营维护全过程的集成应用。

文件名称：国家发展改革委住房城乡建设部关于推进全过程工程咨询服务发展的指导意见

发布时间：2019 年 3 月 15 日

内容摘要：大力开发和利用建筑信息模型（BIM）、大数据、物联网等现代信息技术和资源，努力提高信息化管理与应用水平，为开展全过程工程咨询业务提供保障。

文件名称：住房和城乡建设部关于印发《"十四五"推动长江经济带发展城乡建设行动方案》《"十四五"黄河流域生态保护和高质量发展城乡建设行动方案》

发布时间：2022 年 1 月 24 日

内容摘要：开展绿色建造示范工程，推广绿色化、工业化、信息化、集约化、产业化建筑方式。建设装配式建筑生产基地和智能建造产业基地，推广建立建筑产业互联网平台，形成全产业链融合一体的智能建造产业体系。将能耗总量和能耗强度双控目标纳入城市更新和旧城区拆除重建的监督指标，建立建筑材料循环利用管理办法。发挥绿色建造试点省（市）、装配式建筑示范城市、生产基地和示范项目的引领作用，鼓励有条件的城市率先深化应用自主创新建筑信息模型（BIM）技术，全面提升建筑设计、施工、运营维护协同水平，加强建筑全生命周期管理，即在建筑工程立项阶段明确主要减碳指标和技术措施，制定碳减排方案。

文件名称：住房和城乡建设部关于发布国家标准《建筑信息模型存储标准》的公告

发布时间：2021 年 10 月 25 日

内容摘要：为规范建筑信息模型数据在建筑全生命期各阶段的存储，保证建筑信息模型应用效率，制定本标准。本标准适用于建筑工程全生命期各个阶段的建筑信息模型数据的存储，并适用于建筑信息模型应用软件输入和输出数据通用格式及一致性的验证。

## 北京市住房和城乡建设委员会

文件名称：北京市"十四五"时期住房和城乡建设科技发展规划

发布时间：2022 年 3 月

内容摘要：开展智能建造与建筑工业化协同发展的试点示范工程建设，普及成熟智能装备在工程建造过程中的应用；推广施工现场的工业化生产作业方式，开展建筑机器人等智能技术产品研发及应用。建立建筑产业互联网管理服务平台，逐步有序推进建筑产业互联网各级节点建设，鼓励建设工程总承包项目建造平台，持续推进行业监管平台与服务平台、城市信息模型（CIM）平台融通的探索实践。持续推进建筑全生命期 BIM 应用示范工程建设，全面开展智慧工地建设。

## 上海市住房和城乡建设委员会

文件名称：上海市进一步推进建筑信息模型技术应用三年行动计划（2021—2023）

发布时间：2021 年 7 月 30 日

内容摘要：到 2023 年年底，BIM 技术应用取得重大突破，应用水平和软件创新能力得到大幅提升，成为本市建筑业普遍应用的基础性数字化技术，BIM 技术在建筑运维和智慧城市管理方面的应用逐步深化，为全面推进城市数字化转型、建设国际数字之都提供有力的技术支撑。

## 广州市住房和城乡建设局

文件名称：广州市城市信息模型（CIM）平台建设试点工作联席会议办公室关于进一步加快推进我市建筑信息模型（BIM）技术应用的通知

发布时间：2019 年 12 月 26 日

内容摘要：自 2020 年 1 月 1 日起，规定的新建工程项目应在规划、设计、施工及竣工验收阶段采用 BIM 技术，鼓励在运营阶段采用 BIM 技术，其中经论证不适合应用 BIM 技术的除外；列入 BIM 应用范围的建设工程，已立项尚未开工的，建设单位根据所处阶段开展本阶段及后续阶段的 BIM 技术应用。BIM 技术应用费用按照《广东省建筑信息模型（BIM）技术应用费用计价参考依据（2019 年修正版）》计算确定。

## 深圳市人民政府办公厅

文件名称：深圳印发《关于加快推进 BIM 技术应用的实施意见（试行）》

发布时间：2021 年 12 月

内容摘要：市住房建设部门应当统筹 BIM 技术应用工作，完善我市 BIM 技术应用的顶层设计，按照"政府引导、市场主导，统筹规划、分步推进，创新驱动、共享发展"的原则，根据工作目标的总体要求，会同市规划和自然资源、交通运输、水务、建筑工务等部门制定推进 BIM 技术应用的行动计划，明确任务目标、实施步骤、具体工作和任务分工，提高应用数量和水平。进一步深化工程建设项目审批制度改革，制定促进 BIM 技术应用的政府规章，加强立法保障。

## 天津市住房和城乡建设委员会

文件名称：市住房城乡建设委关于推进我市建筑信息模型（BIM）技术应用的指导意见

发布时间：2019 年 2 月 3 日

内容摘要：到 2020 年年末，建筑行业甲级勘察、设计单位以及特级、一级房屋建筑工程施工企业应掌握并实现 BIM 与企业管理系统和其他信息技术的一体化集成应用。到 2020 年年末，以国有资金投资为主的大中型建筑、申报绿色建筑的公共建筑和绿色生态示范小区的新立项项目勘察设计、施工、运营维护中，集成应用 BIM 的项目比率达到 90%。

## 重庆市住房和城乡建设委员会

文件名称：关于开展 2019 年度建筑信息模型（BIM）技术应用示范工作的通知

发布时间：2019 年 3 月 28 日

内容摘要：为促进 BIM 技术应用，在示范项目中择优确定一批 BIM 技术应用的优秀示范项目，在勘察设计诚信体系评分中给予加分奖励，优秀示范项目在参评市级相关工程勘察设计类奖项时，将给予加分奖励。

文件名称：关于印发《2019 年"智慧工地"建设技术标准》与《2019 年 1 500 个"智慧工地"建设目标任务分解清单》的通知

发布时间：2019 年 5 月 21 日

内容摘要：建设内容主要包括人员实名制管理、视频监控、扬尘噪声监测、施工升降机安全监控、塔式起重机安全监控、危险性较大的分部分项工程安全管理、工程监理报告、工程质量验收管理、建材质量监管、工程质量检测监管、BIM 施工、工资专用账户管理等 12 项"智能化应用"。

## 河北省住房和城乡建设厅

文件名称：进一步规范国有资金投资房屋建筑和市政基础设施工程项目招标投标工作

的若干意见

发布时间：2019 年 5 月 13 日

内容摘要：采用建筑信息模型（BIM）等新技术、投标文件编制成本较高的项目招标人可以采取资格预审。

## 四川省人民政府办公厅

文件名称：四川省人民政府办公厅关于促进建筑业持续健康发展的实施意见

发布时间：2018 年 1 月 25 日

内容摘要：制定我省推进建筑信息模型（BIM）技术应用指导意见，推广 BIM 技术在规划、勘察、设计、施工和运营维护全过程的集成应用，提升工程建设和管理信息化智慧化水平。到 2025 年，我省甲级勘察、设计单位以及特级、一级房屋建筑工程和公路工程施工企业普遍具备 BIM 技术应用能力。

## 四川省住房和城乡建设厅

文件名称：《四川省加快培育新时代建筑产业工人队伍的实施方案》

发布时间：2021 年 11 月 23 日

内容摘要：提升建筑产业工人能力素质，《实施方案》提出了完善职业技能培训体系，鼓励建筑企业、职业院校、社会培训机构开展就业技能培训、岗位技能提升培训和创业创新培训，建立以政府补贴培训、企业自主培训、市场化培训为主的多层次职业技能培训体系。加大新兴职业（工种）技能人才培育。加大对装配式建筑、建筑信息模型（BIM）等新兴、紧缺职业（工种）建筑工人培养，增加高技能人才供给。